职业教育课程改革创新系列规划教材

电　工　学

熊秀丽　陈新宏　主编

科 学 出 版 社
北　京

内 容 简 介

本书是根据职业院校及技工院校非电工电子类专业电工学的知识要求和技能要求组织编写的，主要内容包括直流电路、电场与电磁感应、正弦交流电路、三相交流电、安全用电常识等。

考虑到学生实际需求和学时安排，本书充分体现科学性、基础性、直观性、新颖性和实用性，着重培养学生的动手能力和创新能力，融理论于生产实际中，强调“做中教、做中学”，达到教、学、做一体化的教学要求。

本书既可作为职业院校及技工院校非电类专业教材，也可供职业培训及相关从业人员参考。

图书在版编目（CIP）数据

电工学/熊秀丽，陈新宏主编. —北京：科学出版社，2015.7

（职业教育课程改革创新系列规划教材）

ISBN 978-7-03-045202-3

Ⅰ.①电… Ⅱ.①熊… ②陈… Ⅲ.①电工学-职业教育-教材

Ⅳ.①TM1

中国版本图书馆 CIP 数据核字（2015）第 164822 号

责任编辑：张振华 / 责任校对：马英菊

责任印制：吕春珉 / 封面设计：曹 来

科学出版社出版

北京东黄城根北街 16 号

邮政编码：100717

http://www.sciencep.com

北京市京宇印刷厂印刷

科学出版社发行 各地新华书店经销

*

2015 年 8 月第 一 版 开本：787×1092 1/16

2020 年 1 月第三次印刷 印张：11

字数：240 000

定价：27.00 元

（如有印装质量问题，我社负责调换〈北京京宇〉）

销售部电话 010-62134988 编辑部电话 010-62135120-2005（VT03）

前　言

《国家中长期教育改革和发展规划纲要（2010—2020 年）》中明确指出，要“大力发展职业教育”，“把提高质量作为重点。以服务为宗旨，以就业为导向，推进教育教学改革。”可见，职业教育的改革势在必行，而且，改革应遵循自身的规律和特点。

本书是根据国家职业标准中级电工（国家职业资格四级）规定的知识要求和技能要求，结合职业院校及技工院校的教学特点，在广泛吸取了一线教师、企业、行业专家的经验及毕业生反馈信息的基础上组织编写的。

本书的编写特色：

1）以就业为导向、以学生为主体、以企业用人为依据，着眼于学生职业生涯发展。

2）内容实用，突出能力。在专业知识的安排上，坚持够用、实用的原则，摒弃“繁难偏旧”的理论知识，同时，进一步加强技能训练的力度，特别是加强基本技能与核心技能的训练。

3）在考虑现有办学条件的前提下，力求反映行业发展的现状和趋势，尽可能多地引入新技术、新工艺、新方法、新材料，使教材富有时代感。同时，采用最新的国家技术标准，使教材体系更加科学和规范。

4）遵从职业院校学生的认知规律，与现代教学法相适应，力求教学内容使学生“乐学”和“能学”。在结构安排和表达方式上，做到由浅入深、循序渐进，强调师生互动和学生自主学习。

本书建议学时数为 100 学时，具体可根据实际情况灵活调整。在本课程的教学过程中，应充分利用现代多媒体技术和数字化教学资源作为辅助教学，与各种教学要素和教学环节有机结合，创建符合个性化学习并加强实践能力培养的教学环境，提高教学的效率和质量，并推动教学模式和教学方法的变革。

本书由石首高级技工学校熊秀丽、陈新宏担任主编，参加编写的有湖北扬子江泵业有限责任公司姚强，湖北钱潮汽车零部件有限公司骆小平，石首市农牧机械厂徐尚红，吉象集团公司易兆祯，石首高级技工学校张小红、黄文鸿、方俊、李佳仔等。

在编写过程中，编者参阅了大量文献资料，在此对有关作者深表感谢。由于编者水平有限，加之时间仓促，书中难免存在不当之处，恳请读者提出宝贵意见。

目　　录

课程导入　电的基本认识

为什么灯泡通上电就能发光？电视机通上电就能看到各种影像节目？电饭锅通上电就能煮饭？计算机通上电可以做很多我们想做的事情……实际上，这些看似复杂的不可思议的东西都是从我们要学习的最简单的电路开始的，现在就让我们一起走进这个神奇的电的世界！

1. 电的应用

我们的生活与电息息相关，可以说现代生活离不开电，无论走到哪里，都可以看见电能在工作：电灯泡把电能转换为光能，给我们照明；电动机把电能转换为机械能，使转子旋转；电视机、计算机依靠电能工作；甚至人造卫星利用太阳能电池板，把太阳能转变为电能提供给卫星使用……

电能是人类使用最多、最方便的能源。图 0-1 所示是生活中常见的电器产品。

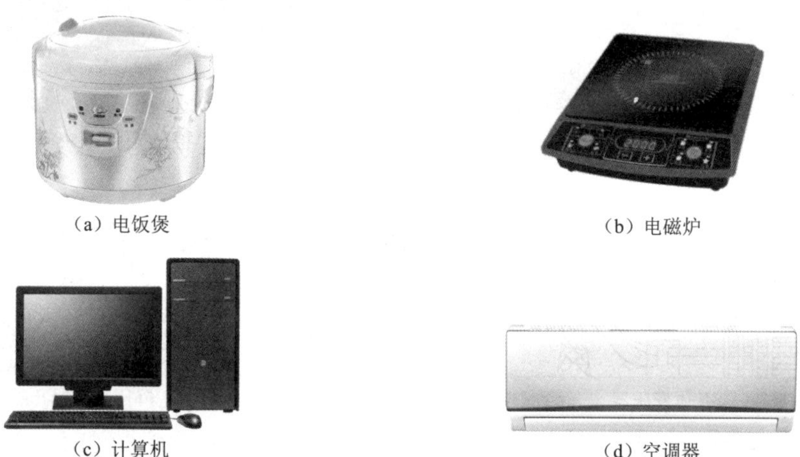

（a）电饭煲　（b）电磁炉　（c）计算机　（d）空调器

图 0-1　生活中常见的电器产品

电能还应用在哪些方面？

2. 电能的产生与输送

我们生活中用到的电是哪里来的呢？它们主要来自各种各样的发电站，如水力发电站、风力发电站、火力发电站、核能发电站，如图 0-2 所示。它们分别将水能、风能、热能、核能转换为电能，然后通过电网输送给生产和生活中的各种用电设备，如图 0-3 所示。

(a) 火力发电站

(b) 核电站

(c) 风力发电站

(d) 太阳能发电站

图 0-2　各类发电站

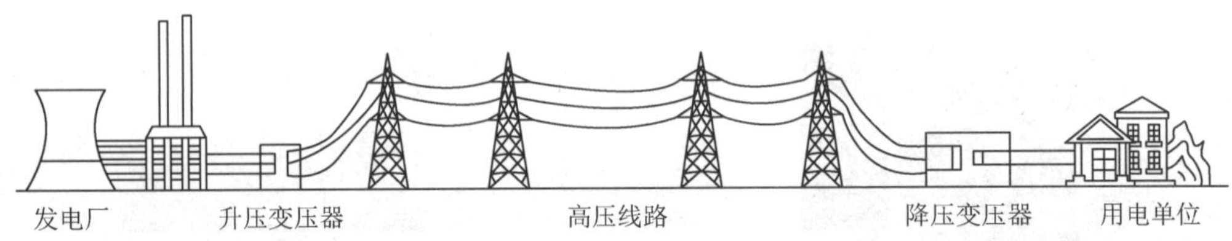

图 0-3　电能的输送

此外，电池可以将化学能转化为电能，供我们生产、生活使用。常见的电池有干电池、蓄电池、太阳能电池等，如图 0-4 所示。其中，干电池的应用最为广泛。

(a) 锌锰电池

(b) 层叠电池

(c) 纽扣电池

图 0-4　各种电池

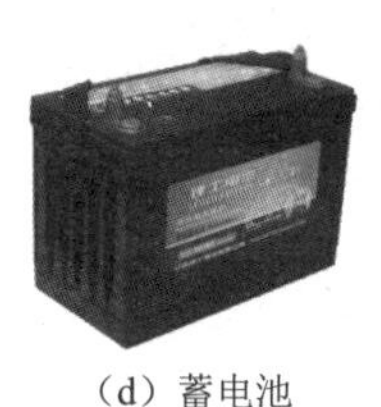
(d) 蓄电池

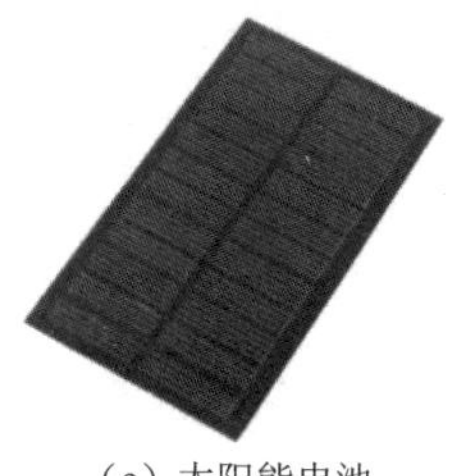
(e) 太阳能电池

图 0-4　各种电池（续）

3. 电能的优点

在各种形式的能量中，电能之所以占有重要的地位并获得广泛应用，是因为电能具有以下优点。

1）电能的生产方便。大多数其他形式的能（如热能、水能、原子能、化学能等）都可以利用转换设备（如发电机、核电站、干电池、光电池等）变为电能。

2）电能的输送方便。电能可以通过导线或电磁波传输到所需要的地方，不仅传输效率高，而且分配也很容易。

3）电能的使用方便。使用时，可以根据需要，方便地将电能转换成其他形式的能量。例如，电动机将电能转换为机械能，电灯将电能转换为光能，电炉将电能转换为热能，等等。

4）电能的控制方便。电流的传播速度等于光速，电气设备的动作也比较迅速，生产过程中所涉及的一些物理量，如长度、速度、温度、压力等，都可以用电的方法迅速而准确地进行测量和自动调节，所以便于实现远距离控制和生产过程自动化。

5）电能是比较清洁环保的能源，使用电能的过程中通常都不会有其他废弃物产生，是一种非常好的清洁能源。

当大家知道电能的应用、电能的产生与输送、电能的优点后，是不是迫不及待地想去探索其中的奥妙呢？下面就让我们进入电工学这门专业基础课程的学习。

1 单元 直流电路

◎ 教学情境

现在的家庭生活离不开电能的使用，电能的使用离不开电路，同学们可以回忆一下我们家里有哪些电器？我们曾经学过的电路有哪些组成部分？

◎ 教学重点

- 掌握电路的组成、电路及基本物理量的名称、符号、单位、定义。
- 掌握电阻的名称、符号、单位、计算，欧姆定律的基本内容和应用。
- 熟悉简单串、并联电路的规律及计算方法。
- 掌握电功和电功率的概念、符号、单位、计算。
- 掌握基尔霍夫定律的基本内容和简单应用。

◎ 教学目标

教学目标	具体内容	教学方式	建议学时
知识目标	1. 了解电路的组成及基本物理量的符号、单位计算； 2. 掌握电阻的名称、符号、单位、计算，欧姆定律的基本内容和应用； 3. 掌握简单串、并联电路的规律及计算方法； 4. 掌握电功和电功率的概念、符号、单位、计算； 5. 掌握基尔霍夫定律的基本内容和简单应用	教师讲授、学生练习	22
技能目标	1. 认识并能连接简单电路； 2. 会测量电流、电压、电阻、功率	教师演示、学生动手操作	4
情感目标	1. 培养学生安全用电的习惯； 2. 激发学生学习兴趣，培养学习积极性； 3. 培养科学严谨的工作态度	言传身教、潜移默化	2

1.1 电路的组成与电路图

1.1.1 电路

1. 什么是电路

如图 1-1 所示，将一个开关、一个灯泡及一节干电池用导线连接起来，合上开关时，电路中就有电流流过，灯泡就亮起来。这种电流流经的路径就叫做电路。

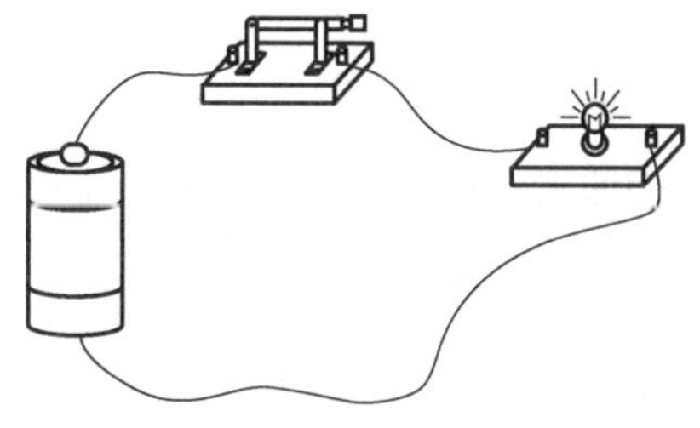

图 1-1 简单电路

因此，电路是由各种元器件（包括电池、小灯泡或其他电工设备）按一定方式连接起来的总体，为电流的流通提供了路径。

2. 电路的组成

如图 1-1 所示，简单电路由电源、负载（用电器）、开关和连接导线组成。

（1）电源

电源是把非电能转换成电能的装置，是为电路提供电能的设备和器件，如发电机、蓄电池、锂电池等，如图 1-2 所示。

（a）发电机

（b）蓄电池

（c）锂电池

图 1-2 电源

（2）负载

负载是把电能转换成其他形式能量的装置，是使用（消耗）电能的设备和器件，如电灯、电视机、机械手等，如图 1-3 所示。

（a）电灯

（b）电视机

（c）机械手

图 1-3　负载

（3）开关

开关是接通或断开电路的控制元件，是控制电路工作状态的器件或设备，如图 1-4 所示。当开关合上时，电路接通工作；当开关断开时，电路停止工作。

图 1-4　各式开关

（4）连接导线

连接导线把电源、负载和开关连接起来，组成一个封闭回路，起传输和分配电能的作用。

一般把电源内部的通路称为内电路，由负载、控制开关及连接导线构成的电路称为外电路。

3. 电路的作用

电路的作用包括以下两方面。

1）进行能量的转换和传输（强电）。

2）进行信号的处理和传递，以及信息的存储（弱电）。

1.1.2　电路图

图 1-1 是用电气设备的实物图形表示的实际电路。它的优点是很直观，但画起来很复杂，不便于分析和研究。因此，在分析和研究电路时，我们总是把这些实际设备抽象成一些理想化的模型，用规定的图形符号表示，画出其电路模型图，如图 1-5 所示。这种用统一规定的图形符号画出的电路模型图称为电路图。电路图中常用元件的图形符号及文字符号如表 1-1 所示。

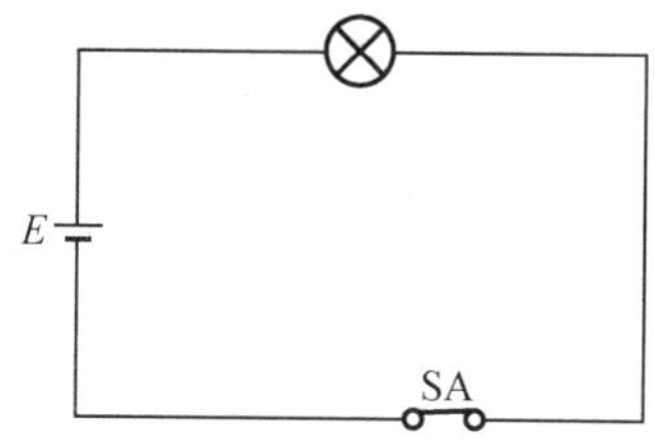

图 1-5　电路图

表 1-1　电气图常用图形符号及文字符号

名称	外形	图形符号	文字符号	名称	外形	图形符号	文字符号
二极管			VD	电流表		Ⓐ	PA
电容器			C	滑动变阻器			RP
电感器			L	熔断器			FU
三相异步电动机		M 3～	M	电压表		Ⓥ	PV

续表

名称	外形	图形符号	文字符号	名称	外形	图形符号	文字符号
电池			GB	灯泡			HL
开关			SA	电阻器			R

1.1.3　电路的状态

根据电路的实际工作和连接情况，通常会出现通路、开路和短路 3 种状态，如图 1-6 所示。

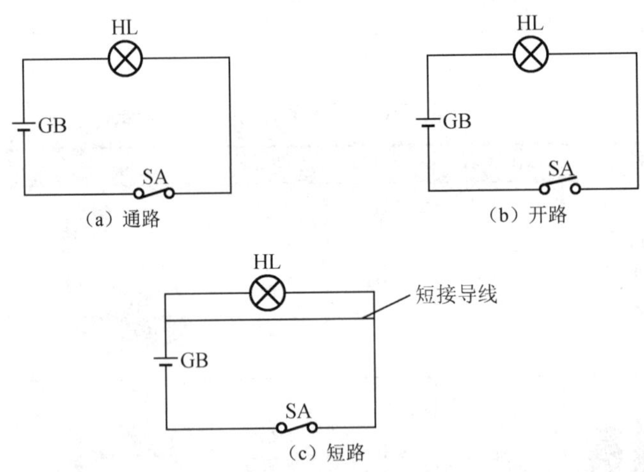

图 1-6　电路的 3 种工作状态

1. 通路

通路也称闭路，如图 1-6（a）所示状态，电源与负载接通，电路构成闭合回路，有电流通过。此时电气设备或元器件获得一定的电压和电功率，进行能量转换。

2. 开路

开路也称断路，如图 1-6（b）所示状态，电路断开，电路中没有电流通过，这种电路状态也称断路或空载状态。

开路状态的主要特点是电路中的电流为零，电源端电压和电动势相等。

3. 短路

如图 1-6（c）所示状态，电源两端被导线直接相连接，电源未经负载而直接由导线构成闭合回路。此时电源的输出电流将比允许的通路工作电流大很多倍，电源会因短路而损耗大量的能量，属于严重过载。

在短路状态下，电源的端电压为

$$U=E-Ir\approx E-\frac{E}{r}\cdot r=0$$

可见，短路状态的主要特点是短路电流很大，电源端电压为零。这里需要说明，通常电源的内阻基本不变并且数值很小，所以可近似认为电源的端电压等于电源电动势。今后若不特别指出电源内阻时，表示内阻很小，可以忽略不计。

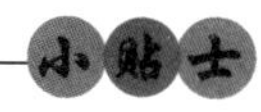

短路状态如果没有保护措施，电源或用电器会被烧毁或发生火灾，所以通常要在电路或电气设备中安装熔断器、熔丝等保险装置，以避免发生短路时出现不良后果。

课堂检测

1. 电路主要由________、________、________、________组成。
2. 电源是把________转换为________的装置。
3. 负载是把________转换为________的装置，常见的负载有________、________、________。
4. 连接导线在电路中起________和________的作用。
5. 电路图中的各电气元件的符号必须是________的图形符号。
6. 电路的 3 种状态分别为________、________、________，其中短路状态的特点是________为零，开路状态的特点是________为零。
7. 在表 1-2 中画出常用的电路元件的图形符号，并填写对应的文字符号。

表 1-2 常用电路元件的图形符号与文字符号

名称	图形符号	文字符号	名称	图形符号	文字符号
电池			电流表		
电阻			电压表		

续表

名称	图形符号	文字符号	名称	图形符号	文字符号
熔断器			电容器		
电感器			开关		
二极管			灯泡		

1.2 电路的基本物理量

1.2.1 电流

1. 电流的形成

电路中的导线、灯泡的灯丝都是金属做的。金属里面有大量自由电子，它们可以自由移动。平时它们运动的方向杂乱无章，接上电源之后，它们就受到了推动力，出现了定向移动，这种电荷（自由电子）的定向移动就形成了电流。

2. 电流的方向

电流是一种物理现象，电荷在电源的作用下有规则的定向移动形成了电流。

习惯上规定正电荷流动的方向为电流的方向。因此，自由电子和负离子移动的方向与电流方向相反。实际电路中电流的方向由高电位流向低电位。

3. 电流的大小

度量电流强弱的物理量是电流强度，简称电流，用符号 I 表示。电流强度在数值上等于单位时间内通过某导体截面的电量，即电流的大小取决于在一定时间内通过导体横截面电荷量的多少。

如果在 t s 内通过导体横截面的电量为 Q（单位为库仑），则电流 $I=Q/t$。

电流的单位通常用安培(A)表示，如果在 1s 内通过导体横截面的电量为 1 库仑(C)，则导体中的电流就是 1 安培，简称安，以符号 A 表示。除安培外，常用的电流单位还有千安（kA）、毫安（mA）和微安（μA），其换算关系为

$$1\text{kA}=10^3\text{A}，1\text{A}=10^3\text{mA}=10^6\mu\text{A}$$

4. 电流的分类

电流分为直流电流和交流电流两大类，主要根据电流的大小和方向是否随时间变化来进行分类。

大小和方向都不随时间变化的电流，称为稳恒电流或直流电流，简称直流（DC）；大小和方向都随时间变化的电流，称为交变电流或交流电流，简称交流（AC）。

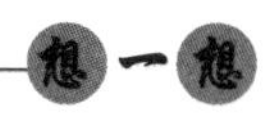

图 1-2 所示电源提供的电流中，哪些是交流电流，哪些是直流电流？

5. 电流的测量

电流的大小使用电流表进行测量，交流电流用交流电流表测量，直流电流用直流电流表测量，如图 1-7 所示。

电流表通常有指针式［图 1-7（a）］和数字式［图 1-7（b）］两种，电流表应串接在电路中［图 1-7（c）］。

（a）指针式

（b）数字式

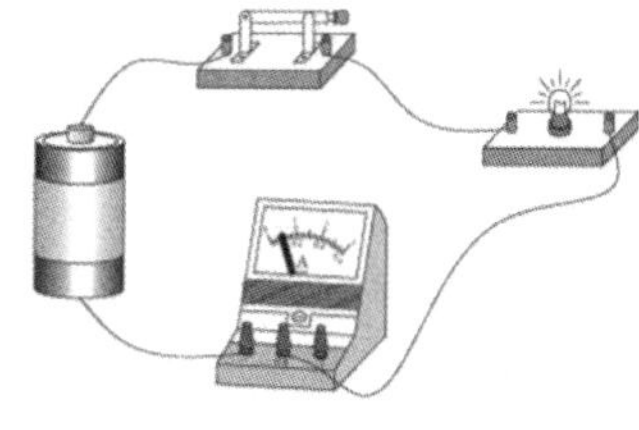

（c）电路

图 1-7 电流表的使用和测量

测量电流时应注意以下几点：

1）交、直流电流分别用交流电流表和直流电流表进行测量。

2）电流表应串接到被测量的电路中。

3）直流电流表表壳接线柱上标明“+”、“−”记号，接线时应和电路的极性一致，不能接错，否则指针反转，影响正常测量，也容易损坏电流表。

4）每个电流表都有一定的测量范围，称为电流表的量程。测量时为保证测量精度，应使电流表的偏转超过其量程的一半。

1.2.2 电压、电位和电动势

1. 电压

如图 1-8 所示，电路中接入电池后，合上开关，小灯泡才会发光，说明有电流通过。电路中先后连入一节和两节干电池时，可以看到小灯泡的亮度不一样，这是什么原因呢？

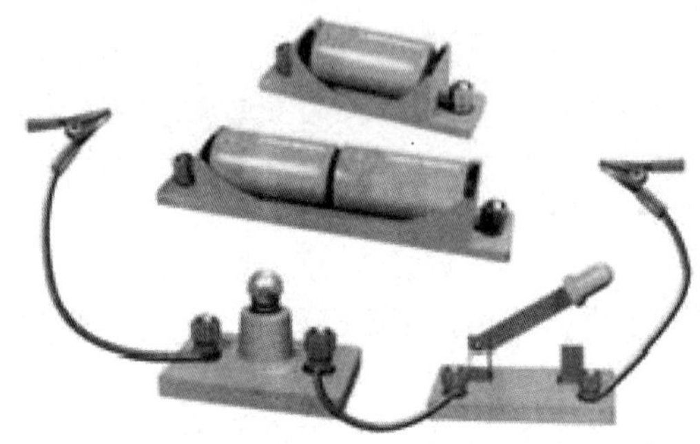

图 1-8 两节电池在灯泡两端产生较高的电压

这个实验说明要在一段电路中产生电流，必须接入电源，让用电器两端存在电压。

电压又称电位差，是衡量电场力做功本领大小的物理量。将单位正电荷从 A 点移动到 B 点，所做的功称做 AB 两点的电压，用 U_{AB} 表示，电压的单位为伏特（V），简称伏。常用的电压的单位之间的换算关系如下：

$$1\text{kV}=10^3\text{V}，1\text{V}=10^3\text{mV}=10^6\mu\text{V}$$

电压的方向由高电位端指向低电位端。对于负载来说，规定电流流进端为电压的正端，电流流出端为电压的负端。电压的方向由正指向负。

电压的方向在电路图中的表示方法如图 1-9 所示。

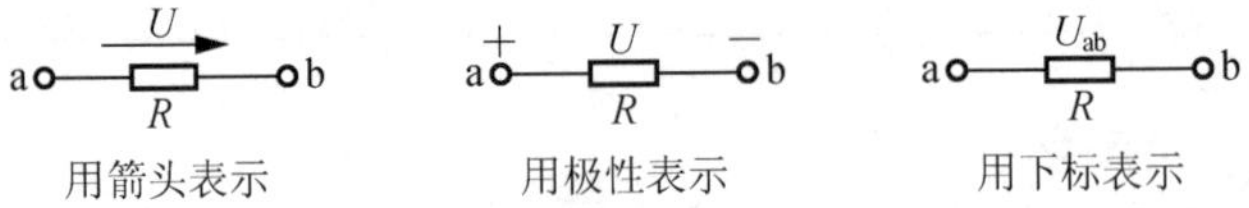

a U b R 用箭头表示　　a + U − b R 用极性表示　　a U_{ab} b R 用下标表示

图 1-9 电压方向的表示

在分析电路时往往难以确定电压的实际方向，此时可先任意假定电压的参考方向，再根据计算所得的正、负来确定电压的实际方向，计算结果为正，与参考方向相同；计算结果为负，与参考方向相反。实际电路中可以用电压表测量。

【例 1-1】在图 1-10 所示电路中，电流参考方向已选定，已知 I_1＝1A，I_2＝－3A，I_3＝－5A，试指出电流的实际方向。

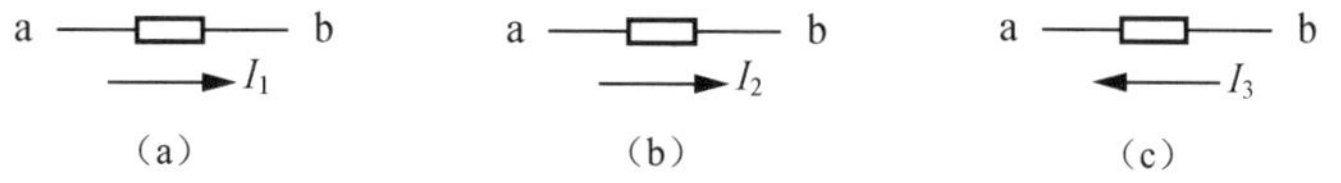

a —□— b　→ I_1　(a)

a —□— b　→ I_2　(b)

a —□— b　← I_3　(c)

图 1-10　例 1-1 图

解：I_1 的实际方向与参考方向相同，即电流由 a 流向 b，大小为 1A；

I_2 的实际方向与参考方向相反，即电流由 b 流向 a，大小为 3A；

I_3 的实际方向与参考方向相反，即电流由 a 流向 b，大小为 5A。

对于电阻负载来说，没有电流就没有电压，有电压就一定有电流。电阻两端的电压称为电压降。

2. 电位

通常我们在电路中选定一个参考点，规定它的电位为零。电位是指电路中某点与参考点之间的电压。电位的文字符号用带单标的字母 U 表示，如 U_A，即表示 A 点的电位。电位的单位也是伏特（V）。

多数情况下选大地为参考点，即视大地电位为零，用符号“⏚”表示。在电子仪器和设备中又把金属外壳或电路的公共接点的电位规定为零电位，用符号“⊥”或“⊥”表示，高于参考点的为正，低于参考点的为负。

电路中任意两点（如 A 和 B 两点）之间的电压等于这两点电位之差，即 $U_{AB}=U_A-U_B$。

电位具有相对性，即电路中的电位值随参考点位置的改变而改变；而电压具有绝对性，即任意两点之间的电位差值与电路中参考点的位置选取无关。

【例 1-2】已知 $U_A=10V$，$U_B=-10V$，$U_C=5V$，求 U_{AB} 和 U_{BC}。

解：

$$U_{AB}=U_A-U_B=10-(-10)=20\text{（V）}$$
$$U_{BC}=U_B-U_C=(-10)-5=-15\text{（V）}$$

【例 1-3】在图 1-11 所示电路中，已知 $E_1=24V$，$E_2=12V$，电源内阻可忽略不计，$R_1=3\Omega$，$R_2=4\Omega$，$R_3=5\Omega$，分别选 D 点和 E 点为参考点，试求 A、B、D、E 这 4 点的电位及 U_{AB} 和 U_{ED} 的值。

解：选 D 点为参考点，回路中电流方向及各电阻两端电压正负极性如图 1-11 所示，则电流大小为

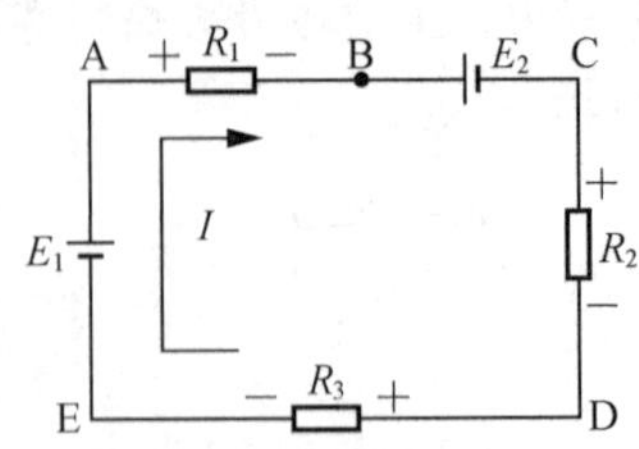

图 1-11 例 1-3 图

$$I=\frac{E_1-E_2}{R_1+R_2+R_3}=\frac{24-12}{3+4+5}=1\text{（A）}$$

所以

$$U_A=IR_1+E_2+IR_2=3+12+4=19\text{（V）}$$

或

$$U_A=E_1-IR_3=24-5=19\text{（V）}$$

$$U_B=E_2+IR_2=12+4=16\text{（V）}$$

或

$$U_B=-IR_1+E_1-IR_3=-3+24-5=16\text{（V）}$$

$$U_E=-E_1+IR_1+E_2+IR_2=-24+3+12+4=-5\text{（V）}$$

或

$$U_E=-IR_3=-5\text{V}$$

$$U_D=0$$

$$U_{AB}=U_A-U_B=19-16=3\text{（V）}$$

$$U_{ED}=U_E-U_D=-5-0=-5\text{（V）}$$

改选 E 点为参考点，则通过计算可得 $U_A=24\text{V}$，$U_B=21\text{V}$，$U_D=5\text{V}$，$U_E=0$，仍可得 $U_{AB}=3\text{V}$，$U_{ED}=-5\text{V}$。计算结果见表 1-3。

表 1-3 计算结果 单位：V

参考点	U_A	U_B	U_D	U_E	U_{AB}	U_{ED}
D	19	16	0	−5	3	−5
E	24	21	5	0	3	−5

由例 1-3 可以看出：

1）在参考点确定以后，电位的大小与所选择的路径无关。

2）若改变参考点，则各点电位也随之改变。但不管参考点如何变化，两点间的电压（电位差）是不变的。

3．电动势

电路中接入电源后，在电场力的作用下，正电荷只能从高电位处移向低电位处，负电荷只能从低电位处移向高电位处，形成电流。然而，为了维持电路中的持续电流，电源内部必须要使正电荷从低电位处移向高电位处，或者把负电荷从高电位处移向低电位处，保持电路两端的电位差。电源的这种移动电荷的能力用电动势来表示，符号为E，单位为伏特（V）。

电动势的方向规定是：在电源内部由负极指向正极。图1-12（a）、（b）分别为直流电动势的两种图形符号。

图1 12　直流电动势的图形符号

对于一个电源来说，既有电动势，又有端电压。电动势只存在于电源内部；而端电压则是电源加在外电路两端的电压，其方向由正极指向负极。一般情况下，电源的端电压总是低于电源的电动势，只有当电源开路时，电源的端电压才与电源的电动势相等。

4．电压的测量

1）测量电压使用电压表，对交、直流电压分别使用交、直流电压表测量。

2）电压表必须并联在被测电路两端。

3）电压表“＋”极接高电位，“－”极接低电位，不能接反，否则指针会反转。

4）合理选择电压表的量程，量程太大，转动角度太小影响精度，量程太小会损坏电压表。

课堂检测

一、填空题

1．电流的符号是________，单位是________。

2．电流的常用单位有________、________、________，换算关系为1kA＝________A＝________mA。

3．电流分为________和________两类，________是大小和方向都不随时间而变化的电流。

4. 电流用________进行测量，电压用________进行测量。

5. 电压的符号是________，单位是________。

6. 电压的常用单位有________、________、________，换算关系为 1kV=________V=________mV。

7. 电压和电位的关系是________，用公式表示为________。

8. 电动势是用来表示________能力大小的物理量，用________表示，单位是________。

9. 电源的电动势的方向是由________极指向________极，而电源端电压的方向是由________极指向________极，电流开路时，二者大小________，方向________。

10. 电位的大小与________的选取有关，而电压的大小与________的选取无关。

二、简答题

1. 电流的测量需要注意哪些问题？

2. 电压的测量需要注意哪些问题？

3. 高压线上停飞鸟，试用电位、电压的概念加以解释。

三、计算题

1. 如图 1-13 所示，每个电池的电压为 1.5V。若分别以 C 点和 B 点为参考点，试求各点电位及 A、B 和 A、C 之间的电压。

2. 如图 1-14 所示，在电路中，以 O 点为参考点，U_A=10V，U_B=5V，U_C=－5V，试求 U_{AB}、U_{BC}、U_{AC}、U_{CA}。

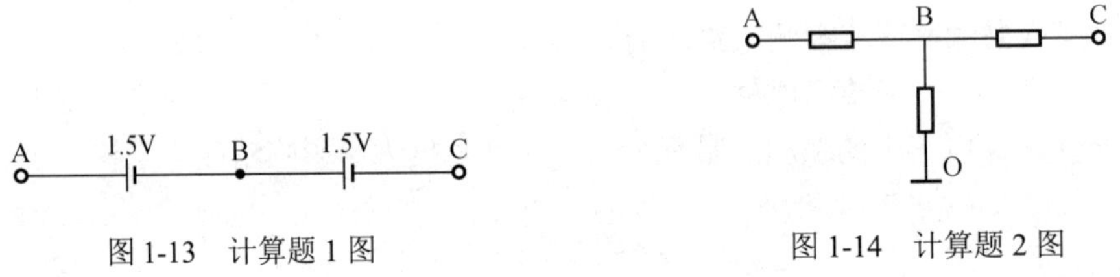

图 1-13 计算题 1 图

图 1-14 计算题 2 图

3. 如图 1-15 所示，已知电源电动势 E=3V，求各图中电源两端的电压 U_{ab}。

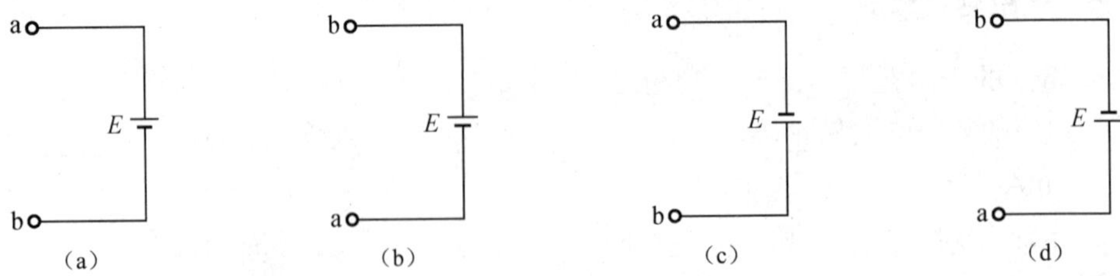

图 1-15 计算题 3 图

1.3 电阻

在图 1-16 中，把相同大小的镍丝、铜丝和铁丝分别接入电路，闭合开关，小灯泡的亮度会不一样，这是为什么呢？

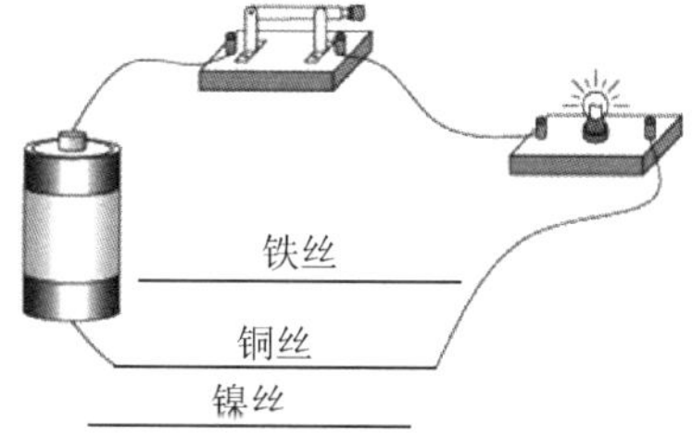

图 1-16　电阻连接

由上述实验可知，不同的导体接入相同的电路时，电路中的电流大小不一样，可见不同导体对电流的导通能力不一样，反过来也可以说对电流的阻碍作用不一样。

在相同的电压下，通过导体的电流越大，表明该导体对电流的阻碍作用越小；通过导体的电流越小，表明该导体对电流的阻碍作用越大。

在物理学中，用电阻来表示导体对电流阻碍作用的大小。电阻的符号用 R 表示。其单位为欧姆（Ω）。若导体两端所加的电压为 1V，通过的电流是 1A，那么该导体的电阻就是 1Ω。常用的电阻单位有千欧（kΩ）、兆欧（MΩ），其换算关系如下：

$$1\text{k}\Omega=10^3\Omega，\quad 1\text{M}\Omega=10^3\text{k}\Omega=10^6\Omega$$

1.3.1　电阻率

导体的电阻是客观存在的，是导体本身的一种性质，它的大小取决于导体的材料、长度和横截面积，可按下式计算：

$$R=\frac{\rho L}{S}$$

式中　L——导体的长度，m；

S——导体的横截面积，m^2；

ρ——与材料性质有关的物理量，称为电阻率（或电阻系数）。

电阻率的定义是长度为 1m、横截面积为 1m^2 的导体在一定温度下的电阻值，其单位为Ω·m。

由公式可以知道，电阻的大小只与电阻本身的材料和形状有关，与是否通电无关；电阻的大小与材料的电阻率、导体的长度、导体的横截面积有关。对于同样的材料下，导体越长，电阻越大；导体越粗，电阻越小。

电阻率反映了物体的导电能力。我们把电阻率小，容易导电的物体称为导体；电阻率大，不容易导电的物体称为绝缘体；导电能力介于导体和绝缘体之间的物体称为半导体；还有一种电阻几乎为零的导体，我们称其为超导体。

1.3.2 电阻与温度的关系

各种导体的电阻率与温度有关系：一般来说，金属的电阻率随温度的升高而增大（220V、40W 的白炽灯不通电时，灯丝电阻为 100Ω；正常发光时，灯丝电阻高达 1210Ω）；电解液、半导体和绝缘体的电阻率随温度升高而减小；部分合金几乎不受温度影响。

1.3.3 常用电阻器

利用导体的电阻可以制成各种用途不同、阻值不同、形状不同的电阻器。常见电阻器的外形和电路符号如表 1-4 所示。

表 1-4 常见电阻器的外形和电路符号

类型	名称	外形	电路符号
固定电阻器	碳膜电阻器		R
	线绕电阻器		
	金属膜电阻器		
可变电阻器	滑动变阻器		R_P
	带开关电位器		
	微调电位器		R_P

电阻通常用万用表的欧姆挡来测量。

1.3.4 电阻器参数识别方法

电阻器的主要参数（标称值与允许偏差）要标注在电阻器上，以供识别。电阻器的参数表示方法有直标法、文字符号法、色环法3种。

1. 直标法

直标法是一种常见的标注方法，多在体积较大（功率大）的电阻器上采用。

它将该电阻器的标称阻值、允许偏差、型号、功率等参数直接标在电阻器表面，如图1-17所示。

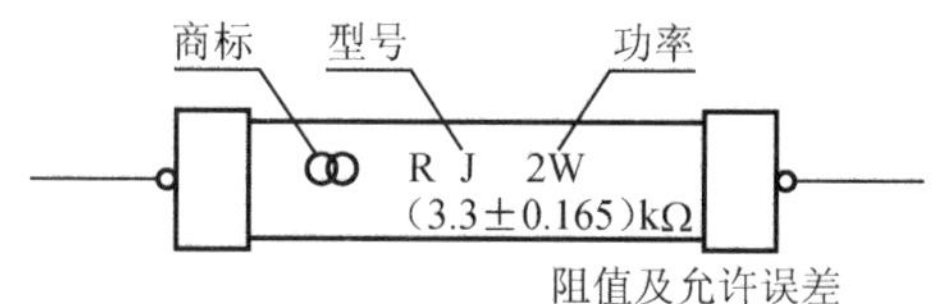

图1-17 直标法

在3种表示方法中，直标法使用最为方便。

2. 文字符号法

文字符号法和直标法相同，也是直接将有关参数印制在电阻体上。在文字符号法中，将100kΩ电阻器标注成100K，其中K既作为单位，又作为小数点。在文字符号法中，偏差通常用字母表示。如图1-18（a）所示，此电阻器的阻值为100kΩ，偏差为±1%。图1-18（b）所示为碳膜电阻，阻值为1.8kΩ，偏差为±20%，其中用级别符号Ⅱ表示偏差。

（a）精密型金属膜电阻（100±1）kΩ （b）碳膜电阻（1.8±0.36）kΩ

图1-18 文字符号法

3. 色标法

色标法是用不同颜色表示元件不同参数的方法。

在电阻器上，不同的颜色代表不同的标称值和偏差。色标法可以分为色环法和色点法。其中，最常用的是色环法，不同颜色的色环表示不同的参数，如表1-5所示。

在色环电阻器中，根据色环的环数多少，又分为四色环表示法和五色环表示法。

图1-19（a）是用四色环表示标称阻值和允许偏差，其中，前三条色环表示此电阻

的标称阻值，最后一条表示它的偏差。

图 1-19（b）中，色环颜色依次为黄、紫、橙、金，则此电阻器标称阻值为 $47\times10^{3}\Omega=47\text{k}\Omega$，偏差 ±5%。

图 1-19（c）电阻器的色环颜色依次为蓝、灰、金、无色（即只有 3 条色环），则电阻器标称阻值为 $68\times10^{-1}\Omega=6.8\Omega$，偏差为±20%。

表 1-5 电阻色环的识读

颜色	有效值	乘数	偏差
黑	0	10^{0}	
棕	1	10^{1}	±1%
红	2	10^{2}	±2%
橙	3	10^{3}	
黄	4	10^{4}	
绿	5	10^{5}	
蓝	6	10^{6}	
紫	7	10^{7}	
灰	8	10^{8}	
白	9	10^{9}	
金		10^{-1}	±5%
银		10^{-2}	±10%
无色			±20%

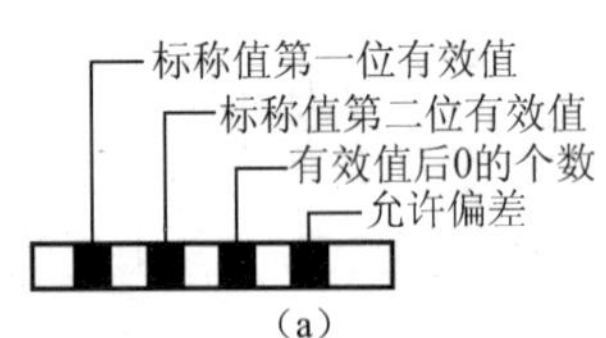

(a)

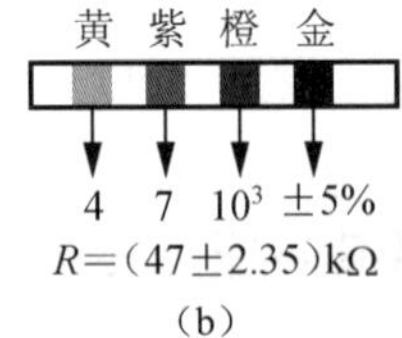

(b)

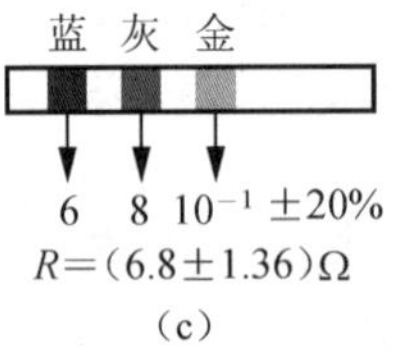

(c)

图 1-19 四色环电阻的识读

图 1-20（a）是五色环表示法，精密电阻器用五条色环表示标称阻值和允许偏差，通常五色环电阻识别方法与四色环电阻一样，只是比四色环电阻器多一位有效数字。

图 1-20（b）中电阻器的色环颜色依次是棕、紫、绿、银、棕，其标称阻值为 $175\times10^{-2}\Omega=1.75\Omega$，偏差为±1%。

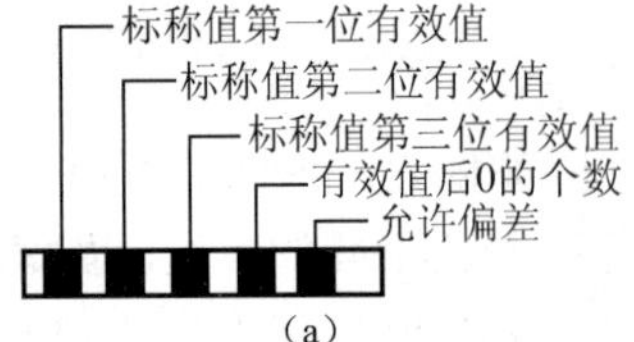

(a)

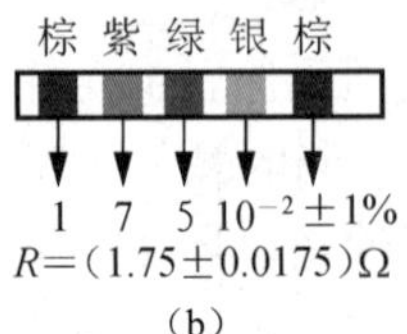

(b)

图 1-20 五色环电阻的识读

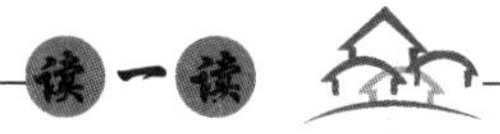

1. 判断色环电阻的第一条色环的方法

1）对于未安装的电阻，可以用万用表测量电阻器的阻值，再根据所读阻值看色环，读出标称阻值。

2）对于已装配在电路板上的电阻，可用以下方法进行判断：

① 四色环电阻为普通型电阻器，从标称阻值系列表可知，其只有 3 种系列，允许偏差为±5%、±10%、±20%，所对应的色环为金色、银色、无色。而金色、银色、无色这 3 种颜色没有有效数字，所以，金色、银色、无色作为四色环电阻器的偏差色环，即为最后一条色环（金色、银色除作为偏差色环外，可作为乘数）。

② 五色环电阻器为精密型电阻器，一般常用棕色或红色作为偏差色环。例如，当头、尾环同为棕色或红色环时，要判断第一条色环则要通过方法③、④。

③ 第一条色环比较靠近电阻器一端引脚。

④ 表示电阻器标称阻值的那 4 条环之间的间隔距离一般为等距离，而表示偏差的色环（即最后一条色环）一般与第四条色环的间隔比较大，以此判断哪一条为最后一条色环，如图 1-21 所示。

第一条色环

最后一条色环

2

图 1-21 色环顺序判断

2. 识别色环电阻器时的注意事项

1）色环表中的标称阻值单位为Ω。

2）当允许偏差为±20%时，表示允许偏差的这条色环为电阻器本色，此时，4 条色环的电阻器便只有 3 条了，一定要注意这一点。

3）对于一些大功率的色环电阻器，在其外表标出它的功率，图 1-21 所示色环电阻表面上的数字 2 表示其功率为 2W。

课堂检测

一、填空题

1．导体对电流的________称为电阻。电阻的单位是________，用符号________表示。导体的电阻取决于导体的________、________和________等因素，用公式表示为________。

2．对于电阻温度系数为正的导体材料来说，导体的电阻随温度升高而________。

3．电阻率的大小反映了物质的________能力，电阻率小、容易导电的物体称为________；电阻率大、不容易导电的物体称为________。

二、简答题

1. 电阻的大小由哪些因素决定？与电压电流的大小有关吗？
2. 简述电阻与温度的关系。

课后阅读

根据电阻受其他条件影响的特性，我们制造了特殊电阻器，如热敏电阻器、光敏电阻器和压敏电阻器，见图 1-22。

（a）热敏电阻器

（b）光敏电阻器

（c）压敏电阻器

图 1-22 特殊电阻器

1）热敏电阻器是一种对温度反应较敏感，电阻值会随温度的升高而变小的非线性电阻器，广泛用于需要定点测温的自动控制电路。

2）光敏电阻器又称光导管，无光照时，光敏电阻值很大，电路中电流很小。当光敏电阻受到一定波长范围的光照时，它的阻值急剧减小，电路中的电流迅速增大。它主要用于各种光电控制系统，如光电自动开关门、自动给水和自动停水装置、机械上的自动保护装置和位置检测器、极薄零件的厚度检测器、照相机自动曝光装置、光电计数器、烟雾报警器、光电跟踪系统，以及航标灯、路灯和其他照明系统的自动亮灭等方面。

3）压敏电阻器是一种具有瞬态电压抑制功能的元件，使用时只需将压敏电阻器并接于被保护的电路上，当电压瞬间高于某一数值时，压敏电阻器阻值迅速下降，导通大电流，从而保护集成电路芯片或电气设备；当电压低于压敏电阻器工作电压值时，压敏电阻器阻值极高，近乎开路，因而不会影响器件或电气设备的正常工作。

4）超导体。1911 年，荷兰莱顿大学的卡茂林·昂尼斯意外地发现，将汞冷却到−268.98℃时，汞的电阻突然消失。后来他又发现许多金属和合金都具有与汞相类似的低温下失去电阻的特性，卡茂林·昂尼斯称这种特殊的导电性能为超导态。卡茂林·昂尼斯由于这一发现获得了 1913 年诺贝尔奖。

这一发现引起了世界范围内的轰动。之后，人们把处于超导状态的导体称为超导体。超导体的直流电阻率在一定的低温下突然消失的现象，称为零电阻效应。导体没有了电阻，电流流经超导体时就不发生热损耗，电流可以毫无阻力地在导线中流过，从而产生超强磁场（图1-23）。

超导体材料

磁铁离开锡盘

悬空不动

超导磁流体推进船

图1-23　超导体及应用

1933年，荷兰的迈斯纳和奥森菲尔德共同发现了超导体的另一个极为重要的性质，即当金属处在超导状态时，这一超导体内的磁感应强度为零，即把原来存在于体内的磁场排挤出去。对单晶锡球进行实验发现：锡球过渡到超导状态时，锡球周围的磁场突然发生变化，磁感应线似乎一下子被排斥到超导体之外去了，人们把这种现象称为“迈斯纳效应”。

后来人们还做过这样一个实验：在一个浅平的锡盘中，放入一个体积很小但磁性很强的永久磁体，然后把温度降低，使锡盘出现超导性，这时可以看到，小磁铁竟然离开锡盘表面，慢慢地飘起，悬空不动。

迈斯纳效应有着重要的意义，可以用来判别物质是否具有超导性。

为了使超导材料有实用性，人们开始了探索高温超导的历程，从1911年至1986年，超导温度由汞的4.2K提高到23.22K（热力学温度，1K＝－273℃）。1986年1月发现钡镧铜氧化物的超导温度是30K，12月30日，又将这一纪录刷新为40.2K，1987年1月升至43K，不久又升至46K和53K，2月15日发现了98K超导体，很快又发现了14℃下存在超导迹象，高温超导体取得了巨大突破，使超导技术走向大规模应用。

超导材料和超导技术有着广阔的应用前景。人们应用迈斯纳效应的原理制造超导列车和超导船，由于这些交通工具在无摩擦状态下运行，这将大大提高它们的速度和安静性。超导列车已于20世纪70年代成功地进行了载人可行性试验，1987年，日本开始试运行，但经常出现失效现象，出现这种现象可能是由于高速行驶产生的颠簸造成的。超导船已于1992年1月27日下水试航，目前尚未进入实用化阶段。利用超导材料制造交通工具在技术上还存在一定的障碍，但它势必会引发交通工具革命的一次浪潮。

超导材料的零电阻特性可以用来输电和制造大型磁体。超高压输电会有很大的损耗，而利用超导体则可最大限度地降低损耗，但由于临界温度较高的超导体还未进入实用阶段，从而限制了超导输电的应用。随着技术的发展、新超导材料的不断涌现，超导输电有希望在不久的将来得以实现。

现有的高温超导体还处于必须用液态氮来冷却的状态，但它仍旧被认为是20世纪的伟大发现之一。

实践活动1 万用表的使用

一、实训目的

1）掌握使用万用表测量直流电压、交流电压的方法。

2）掌握使用万用表测量电阻的方法。

二、实训器材

直流稳压电源1台，万用表1只，开关2只，小灯泡3只，普通电阻器若干，热敏电阻器1只。

三、知识准备

万用表是一种多用途、多量程的电工测量仪表。常用的万用表有模拟式和数字式两大类，如图1-24所示。数字式万用表读数直观，而模拟式万用表能方便快速地观察近似值或被测数值的变化情况。

（a）模拟式

（b）数字式

图1-24 万用表

图 1-25 为 MF47 型万用表的外形图。表的上半部分为表盘，表盘上刻有若干条刻度线，表盘内装有测量机构，俗称“表头”，它是万用表进行各种测量的公共部分。下半部分有量程和功能转换开关，转换开关周围标有测量功能的区域及量程，此外还有表笔插孔等。

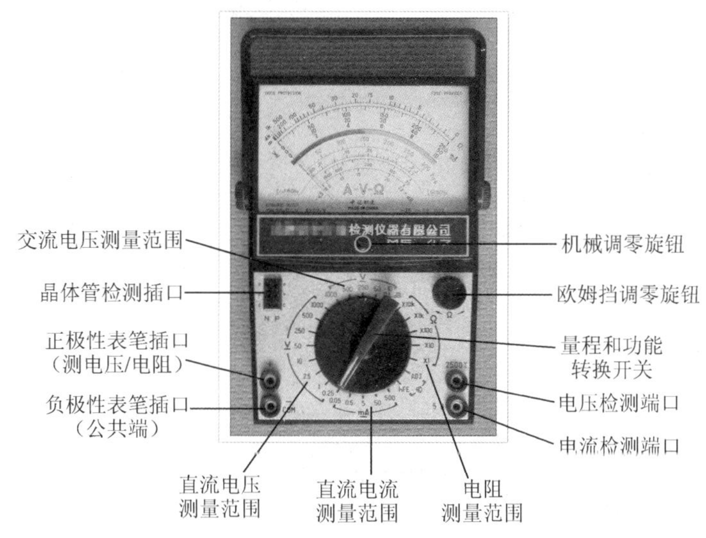

图 1-25　MF47 型万用表面板图

使用万用表应注意以下几点：

1）使用前必须仔细阅读使用说明书，了解转换开关的功能。

2）对于模拟式万用表，必须先调准指针的机械零点（利用机械调零旋钮）。

3）使用万用表测量时，必须正确选测参数挡和量程挡，同时应注意两支测量表笔的正、负极性。

选择电流或电压量程时，最好使指针处在刻度尺 2/3 以上位置；选择电阻量程时，最好使指针处在刻度尺的中间位置。

4）在进行高电压测量时，必须注意人身和仪表的安全，严禁带电切换开关。

5）测量结束后，应将转换开关置于空挡或交流电压最高挡，以防下次测量时由于疏忽而损坏万用表。

四、实训内容

1. 测量电压

（1）测量直流电源电压

将直流稳压可调电源（图 1-26）分别调至 2V、6V、24V，选择万用表适当量程进行测量，注意红表笔接电源正端，黑表笔接电源负端。

图 1-26　直流稳压可调电源

（2）测量直流电路中的直流电压

01 按图 1-27 所示连接实验电路，断开开关 SA_1 和 SA_2。

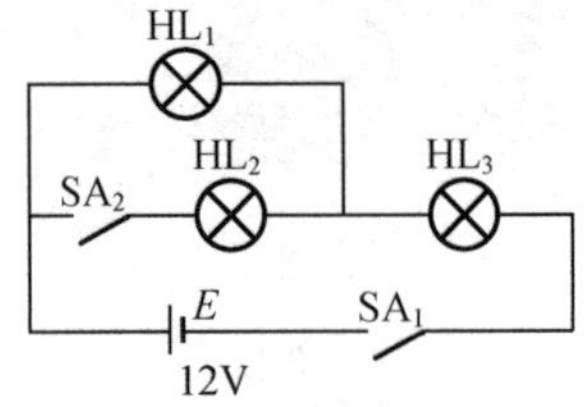

图 1-27　测量直流电压

02 将万用表转换开关置于直流电压挡，选择适合的量程。测量电源两端的电压 U_1，为________V。

03 闭合开关 SA_1，测量电源两端的电压 U_1'，为________V；测量小灯泡 HL_3 两端的电压 U_3，为________V。

2. 测量交流电压

01 将万用表转换开关置于 500V 交流电压挡。

02 如图 1-28 所示，分别测量交流电压 U_{AO}、U_{AB}、U_{AC}。

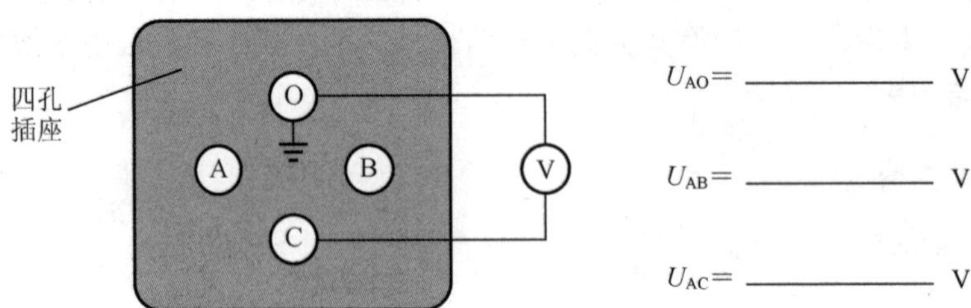

图 1-28　测量交流电压

3. 用万用表测量电阻

万用表测量电阻的方法及注意事项见表 1-6。

表 1-6　万用表测量电阻的方法及注意事项

序号	说明	图示
1	测量电路中的电阻时应先切断电源，不能带电测量	
2	估计被测电阻的大小，选择适当的倍率，然后调零，即将两支表笔相接触，旋动欧姆挡调零电旋钮，使指针指在零位	
3	测量时双手不可碰到电阻引脚及表笔金属部分，以免接入人体电阻，引起测量误差	
4	测量电路中某一电阻时，应将电阻的一端断开，以免接入其他电阻	

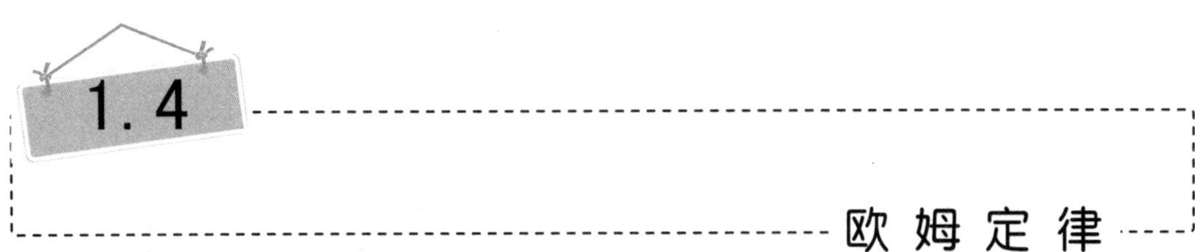

1.4 欧姆定律

欧姆定律揭示了电路中电流、电压、电阻三者之间的联系，是电路分析的基本定律之一，应用非常广泛。

1.4.1　部分电路欧姆定律

只含有负载而不包括电源的电路称为部分电路，如图 1-29（a）中虚线框所示。

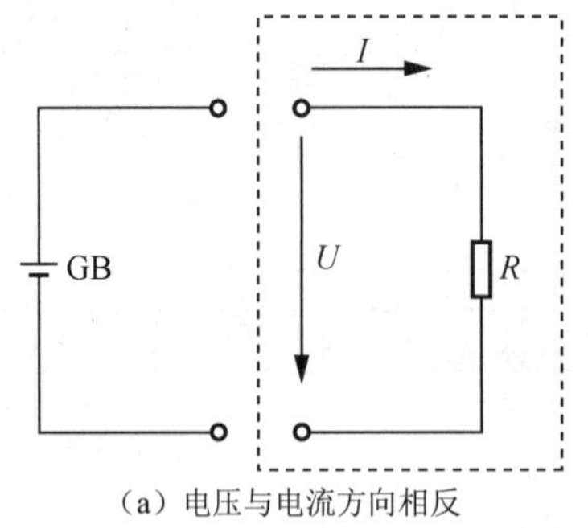

（a）电压与电流方向相反

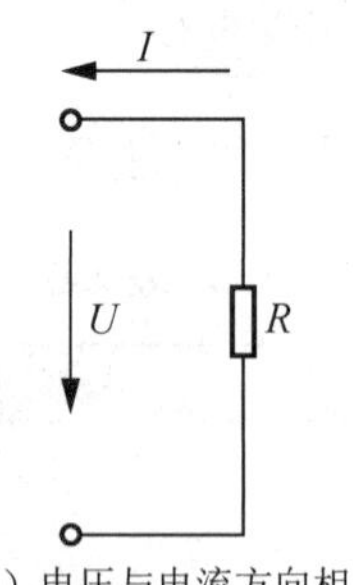

（b）电压与电流方向相同

图 1-29　部分电路

通过对部分电路中的电压、电流和电阻进行研究得到三者之间的关系：流过电阻的电流 I 与加在电阻两端的电压 U 成正比，与电阻 R 成反比。这一结论称为部分电路欧姆定律，用公式表示为

$$I=\frac{U}{R}$$

也可以写成

$$U=IR$$

【例 1-4】 已知某 100W 的白炽灯在电压 220V 时正常发光，此时通过的电流是 0.455A，试求该灯泡工作时的电阻。

解：

$$R=\frac{U}{I}=\frac{220}{0.455}\approx 484\ (\Omega)$$

【例 1-5】 有一个量程为 300V（即测量范围是 0～300V）的电压表，它的内阻 R_0 为 40kΩ。用它测量电压时，允许流过的最大电流是多少？

解：

$$I=\frac{U}{R}=\frac{300}{40\times 10^3}=0.0075\ (\text{A})=7.5\ (\text{mA})$$

【例 1-6】 试电笔内必须有一支很大的电阻，用来限制通过人体的电流。现有一支试电笔，其电阻为 880kΩ，氖管的电阻和人体的电阻都比这个数值小得多，可以不计。使用时流过人体的电流是多少？

解：

$$I=\frac{U}{R}=\frac{220}{880\times 10^3}=0.00025\ (\text{A})=0.25\ (\text{mA})$$

使用这支试电笔时，通过人体的电流是 0.25mA，这个电流对人体是安全的。

1.4.2 全电路欧姆定律

全电路是指含有电源的闭合电路。电源内部的电路称为内电路，电源外部的电路称为外电路。

电源一般都是有电阻的，这个电阻称为电源的内电阻，用字母 r 或者 R_0 表示。为了方便，通常在电路图上把 r 单独画出，如图 1-30 所示。

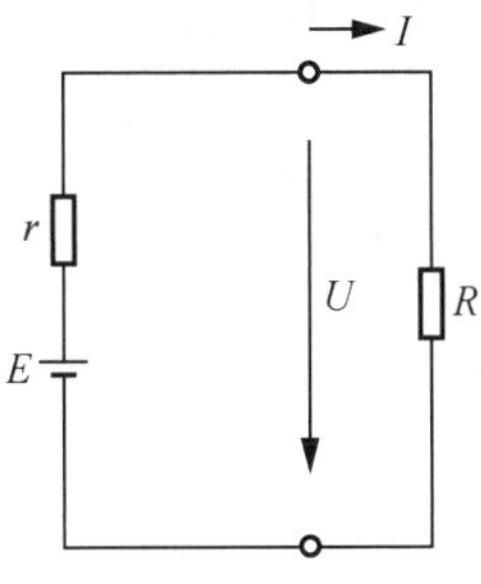

图 1-30 全电路

对应于内电阻，我们将外电路中的电阻称为外电阻，用 R 表示。

全电路欧姆定律：在全电路中，电流与电源的电动势成正比，与整个电路的内、外电阻之和成反比。其数学表达式为

$$I=\frac{E}{R+r}$$

式中 E——电源的电动势，V；

R——外电路（负载）电阻，Ω；

r——内电路电阻，Ω；

I——电路中的电流，A。

由 $I=\dfrac{E}{R+r}$ 可得到

$$E=IR+Ir=U_{外}+U_{内}$$

式中 $U_{内}$——电源内阻的电压降；

$U_{外}$——外电路的电压降，也称电源的端电压。

因此，全电路欧姆定律又可表述为：电源电动势在数值上等于闭合电路中内外电路电压降之和。

【例 1-7】 有一电源电动势 $E=3\text{V}$，$r=0.4\Omega$，$R=9.6\Omega$，求电源端电压和内压降。

解：

$$I=\frac{E}{R+r}=\frac{3}{9.6+0.4}=0.3\text{（A）}$$

所以，内压降为 $U_r=Ir=0.3\times0.4=0.12(\text{V})$，端电压为 $U=IR=0.3\times9.6=2.88(\text{V})$。

【例 1-8】已知电池的开路电压 $U_K=1.5V$，接上 9Ω的负载电阻时，其端电压为 1.35V，求电池的内电阻 r。

解：开路时 $E=U_K=1.5V$ 且已知 $U=1.35V$，$R=9Ω$，则内压降为

$$U_r=E-U=1.5-1.35=0.15\ (\mathrm{V})$$

电流为

$$I=\frac{U}{R}=\frac{1.35}{9}=0.15\ (\mathrm{A})$$

所以内阻为

$$r=\frac{U_r}{I}=\frac{0.15}{0.15}=1\ (\Omega)$$

【例 1-9】如图 1-31 所示，不计电压表和电流表内阻对电路的影响，求开关在不同位置时电压表和电流表的读数。

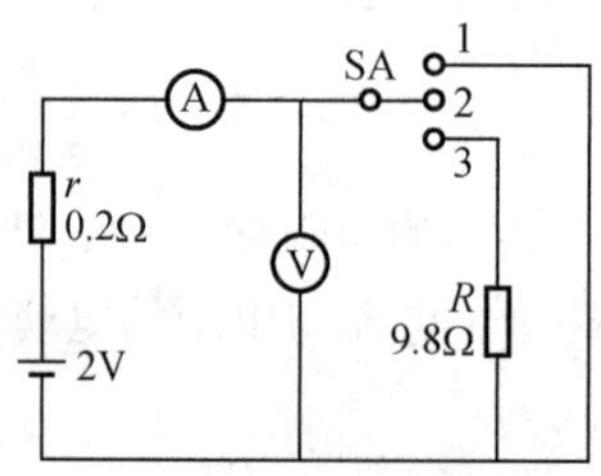

图 1-31 电路的 3 种状态

解：开关接在“1”位置：电路处于短路状态，电压表的读数为零；电流表中流过短路电流，即

$$I=\frac{E}{r}=\frac{2}{0.2}=10\ (\mathrm{A})$$

开关接在“2”位置：电路处于断路状态，电压表的读数为电源电动势的数值，即 2V；电流表无电流流过，即 $I_{断}=0A$。

开关接在“3”位置：电路处于通路状态，电流表的读数为

$$I=\frac{E}{R+r}=\frac{2}{9.8+0.2}=0.2\ (\mathrm{A})$$

电压表的读数为

$$U=IR=0.2\times 9.8=1.96\ (\mathrm{V})$$

或

$$U=E-Ir=2-0.2\times 0.2=1.96\ (\mathrm{V})$$

课堂检测

1．从欧姆定律可以看出，流过导体的电流与导体两端的________成正比，与导体

的________成反比。

2．若某导体电阻为 10Ω，流过的电流为 0.5A，则该导体两端的电压为________。

3．全电路的欧姆定律的内容是在一个________的电路中，流过电路的电流与________成正比，与________成反比。

4．内电路是指包含________的电路，内压降用________表示，用________计算。

5．外电路是指包含________的电路，外电路两端的电压称为________，外压降用________表示，用________计算。

6．电源的电动势等于________与________之和，用式子表示为________。

7．某电路电源电动势为 12V，内电阻为 1Ω，负载电阻为 5Ω，则电路中的电流为________。

8．实训室有一灯泡，电阻为 1210Ω，则灯泡工作时的电流（工作电压为 220V）为________。

1.5 电阻的连接

1.5.1　电阻的串联

把两个或两个以上的电阻器，一个接一个地连成一串，使电流只有一条通路的连接方式叫做电阻的串联。换句话说是，把两个或两个以上电阻依次连接，组成一条无分支电路，这样的连接方式叫做电阻的串联。如图 1-32（a）所示，电路是由两个灯泡构成的串联电路。

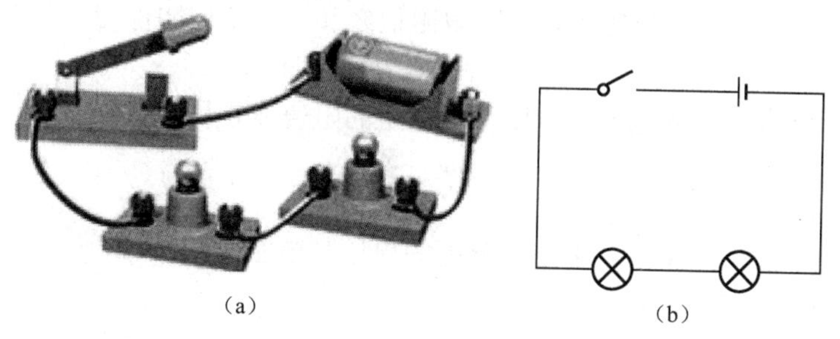

（a）　（b）

图 1-32　串联电路

1. 串联电路的特点

如图 1-33 所示，把两个灯泡 HL_1、HL_2 串联起来接到电源上。

1）分别在 A、B、C 三点测量电路的电流，发现其电流相等。

2）分别测量 AB、BC、AC 之间的电压，发现 $U_{AC}=U_{AB}+U_{BC}$。

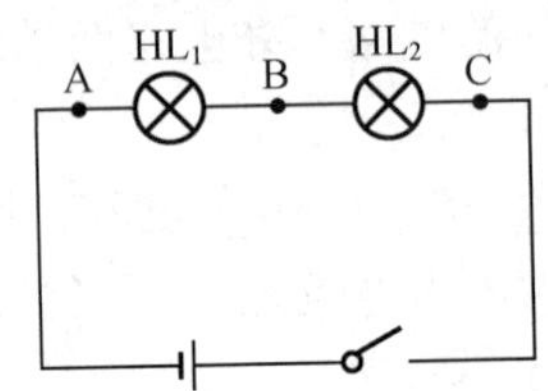

图 1-33 串联电路

如图 1-34 所示，电阻 R 的阻值等于 R_1 与 R_2 之和，即 $R=R_1+R_2$。

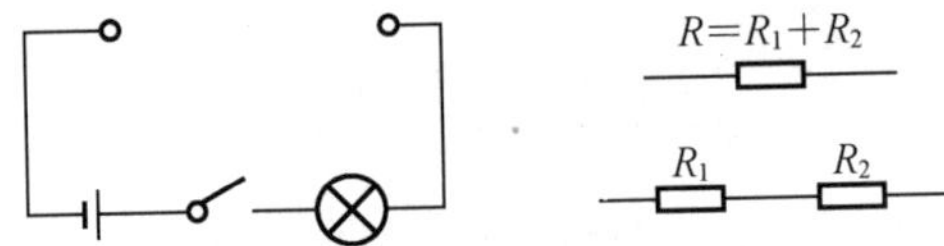

图 1-34 串联电路的等效电阻

3）当把 R 接入电路再换成 R_1 与 R_2 的串联电路接入电路中时，我们发现电灯的亮度没有发生变化。说明电阻 R 和 R_1 与 R_2 的串联电路等效。

由此可以总结出串联电路具有以下特点：

特点 1：串联电路中流过每个电阻的电流都相等。

$$I_1=I_2=I_3=\cdots=I_n$$

特点 2：串联电路两端的总电压等于各电阻两端的分电压之和。

$$U=U_1+U_2+U_3+\cdots+U_n$$

特点 3：串联的总电阻等于各串联电阻值之和，这个电阻即电路的等效电阻。

$$R=R_1+R_2+R_3+\cdots+R_n$$

特点 4：电路中各电阻上的电压与各电阻的阻值成正比，即

$$U_n=\frac{R_n}{R}U$$

推论：在串联电路中，各电阻上分配的电压与电阻值成正比，即阻值越大的电阻分配到的电压越大，反之电压越小。

如果有 3 个电阻串联接入一定电压的电路中，已知串联电路的总电压 U 及电阻 R_1、R_2、R_3，则

$$U_1=\frac{R_1}{R_1+R_2+R_3}U$$

$$U_2=\frac{R_2}{R_1+R_2+R_3}U$$

$$U_3=\frac{R_3}{R_1+R_2+R_3}U$$

2. 串联电路的应用

【例 1-10】如图 1-35 所示，要使弧光灯正常工作，需供给 40V 的电压和 10A 的电流，现电源电压为 100V，则应串联多大阻值的电阻（不计电阻的功率）？

解： 按题意，串联的电阻应承受 100V－40V＝60V 的电压，才能保证弧光灯所需的工作电压。根据欧姆定律 $U=IR$，计算需串联的电阻为

$$R=\frac{U_2}{I}=\frac{60}{10}=6\ (\Omega)$$

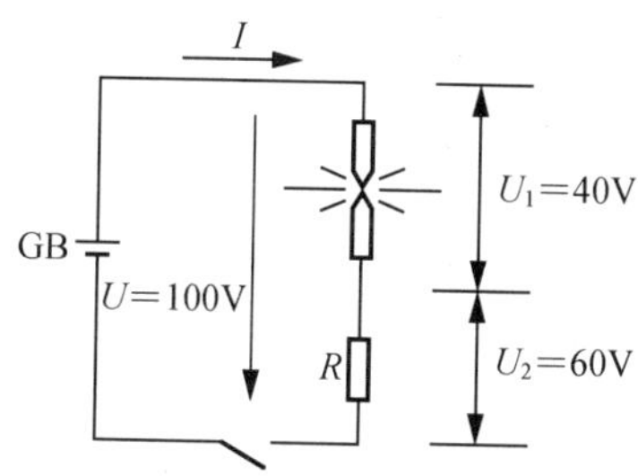

图 1-35 例 1-10 电路图

在实际工作中，电阻串联应用如表 1-7 所示。

表 1-7 电阻串联电路的应用

作用	图例
获得较大阻值的电阻	R_1 100Ω　R_2 100Ω ⇩ R 200Ω
限制和调节电路中的电流	$I=10A$ E 100V 孤光灯需要40V电压、10A电流 6Ω R 限流电阻

续表

作用	图例
构成分压器	100V 75V 50V 25V 25Ω R 25Ω R 25Ω R 25Ω R E 100V U
扩大电压表量程	R_x I_a R_a 表头满偏电压 U_R U_a 改装后可测最大电压 U

【例 1-11】 图 1-36 所示是一个万用表表头，它的等效内阻 $R_a=10\text{k}\Omega$，满刻度电流（即允许通过的最大电流）$I_a=50\mu\text{A}$，若改装成量程（即测量范围）为 10V 的电压表，则应串联多大的电阻？

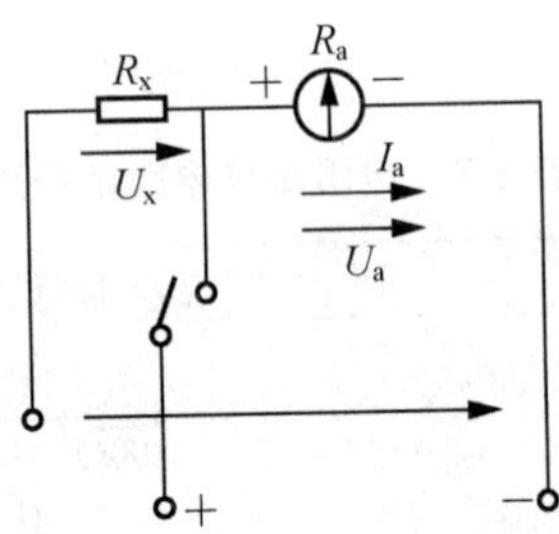

图 1-36 例 1-11 电路图

解： 按题意，当表头满刻度时，表头两端电压 U_a 为

$$U_a=I_aR_a=50\times10^{-6}\times10\times10^3=0.5\ (\text{V})$$

显然，用这个表头测量大于 0.5V 的电压会使表头烧坏，需要串联分压电阻，以扩大测量范围。设量程扩大到 10V 需要串入的电阻为 R_x，则

$$R_x=\frac{U_x}{I_a}=\frac{U-U_a}{I_a}=\frac{10-0.5}{50\times10^{-6}}=190\ (\text{k}\Omega)$$

1.5.2 电阻的并联

把两个或两个以上的电阻并列地连接在两点之间，使每一电阻两端都承受同一电压的连接方式叫做电阻的并联。图1-37所示电路是由两个灯泡构成的并联电路。

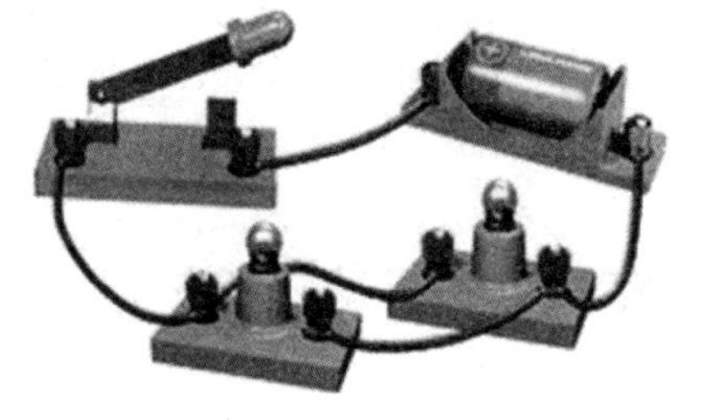

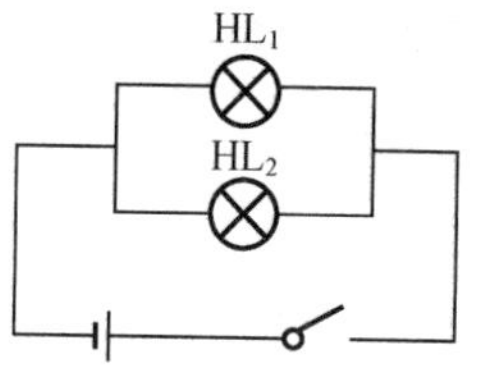

图1-37 并联电路

1. 并联电路的特点

特点1：电路中各电阻两端的电压相等，并且等于电路两端的电压，即

$$U=U_1=U_2=\cdots=U_n$$

特点2：电路的总电流等于各电阻中的电流之和，即

$$I=I_1+I_2+\cdots+I_n$$

特点3：电路的等效电阻（即总电阻）的倒数等于各并联电阻的倒数之和，即

$$\frac{1}{R}=\frac{1}{R_1}+\frac{1}{R_2}+\cdots+\frac{1}{R_n}$$

若并联的几个电阻值都是R_0，则

$$R=\frac{R_0}{n}$$

特点4：在电阻并联电路中，各支路分配的电流与支路的电阻值成反比，即

$$I_n=\frac{R}{R_n}I\text{（分流公式）}$$

式中 R——并联电路的等效电阻。

当电路中只有两个电阻并联时的分流公式为

$$I_1=\frac{R_2}{R_1+R_2}I$$

$$I_2=\frac{R_1}{R_1+R_2}I$$

【例1-12】有一个500Ω的电阻，分别与600Ω、500Ω、20Ω的电阻并联，并联后的等效电阻各是多少？

解： $R_1=500//600\approx273$（Ω），$R_2=500//500=250$（Ω），$R_3=500//20\approx20$（Ω）。

我们从上面的计算结果可以进一步看出：

1）在电阻并联电路中，并联电路的等效电阻总是比任何一个分电阻都小。

2）若两个电阻阻值相等，则并联后的等效电阻等于一个电阻阻值的一半。

3）若两个电阻阻值相差很大，可以认为等效电阻近似等于小电阻的阻值。

【例 1-13】 在图 1-38 所示的并联电路中，求等效电阻 R_{AB}、总电流 I、各负载电阻上的电压、各负载电阻中的电流。

解： 等效电阻为

$$R_{AB}=R_1\ //\ R_2=6\ //\ 3=2\ (\Omega)$$

总电流为

$$I=\frac{U}{R_{AB}}=\frac{12}{2}=6\ (\mathrm{A})$$

各负载上的电压为

$$U_1=U_2=U=12\mathrm{V}$$

各负载中的电流为

$$I_1=\frac{U_1}{R_1}=\frac{12}{6}=2\ (\mathrm{A})$$

$$I_2=I-I_1=6-2=4\ (\mathrm{A})$$

【例 1-14】 如图 1-39 所示，已知某微安表的内阻 $R_a=3750\Omega$，允许流过的最大电流 $I_a=40\mu A$。现要用此微安表制作一个量程为 500mA 的电流表，则需并联多大的分流电阻 R_x?

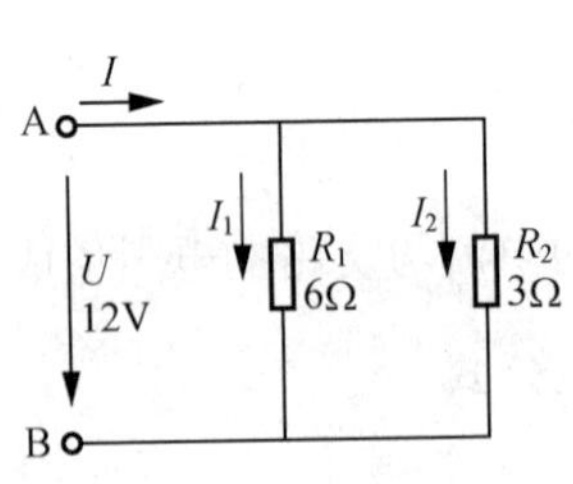

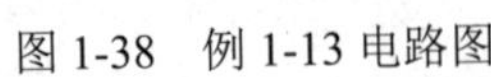
图 1-38 例 1-13 电路图

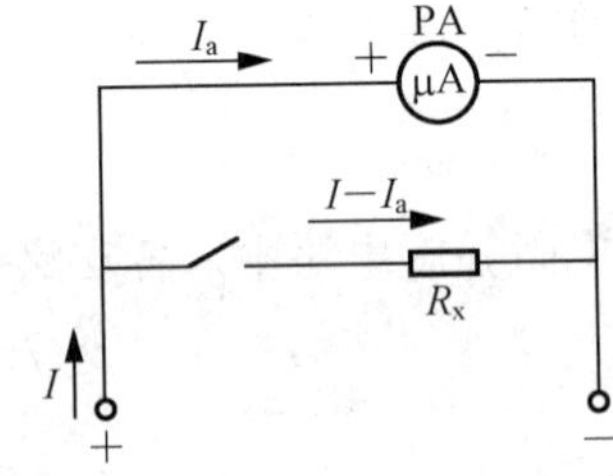

图 1-39 例 1-14 电路图

解： 因为此微安表允许流过的最大电流为 40μA，用它测量大于 40μA 的电流必使该电流表损坏，可采用并联电阻的方法将表的量程扩大到 500mA，使流过微安表的最大电流不超过 40μA，其余电流从并联电阻中分流。

由 $U_a=I_aR_a=(I-I_a)R_x$，得

$$R_x=\frac{I_aR_a}{I-I_a}=\frac{3750\times40\times10^{-6}}{500\times10^{-3}-40\times10^{-6}}\approx0.3\ (\Omega)$$

2. 并联电路的应用

并联电路的应用十分广泛。

1）凡额定电压相同的负载均可采用并联，这样，任何一个负载正常工作时都不影响其他负载，人们可以根据需要来启动或断开各个负载。

2）为了选配合适阻值的电阻，有时将若干个大阻值的电阻并联起来配成小阻值电阻，以满足电路的要求。

3）在电工测量中，经常在电流表两端并接分流电阻（亦称分流器），以扩大电流表的量程，并且通过合理选配分流电阻，可以制成不同量程的电流表等。

1.5.3 电阻的混联

电路中电阻元件既有串联又有并联的连接方式，称为电阻的混联，如图 1-40 所示。混联电路的串联部分具有串联电路的性质，并联部分具有并联电路的性质。

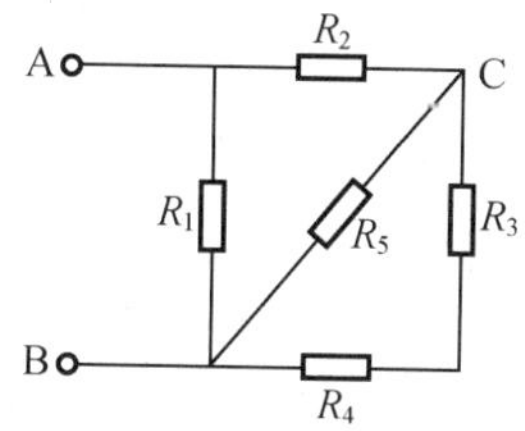

图 1-40 混联电路

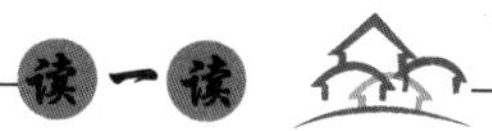

1）对混联电路的分析和计算大体上可分为以下几个步骤:

① 整理清楚电路中电阻的串、并联关系，必要时重新绘制串、并联关系明确的电路图，如图 1-41 所示。

② 用串、并联等效电阻公式计算出电路中总的等效电阻。如图 1-41 所示，R_3与R_4串联，先算串联等效电阻，再用等效电阻与R_5并联，算出并联等效电阻，然后用这个电阻与R_2串联，得出的等效电阻值与R_1再并联求出最终等效电阻。

③ 利用已知条件进行计算，确定电路的总电压与总电流。

④ 根据电阻分压关系和分流关系，逐步推算出各支路的电流或电压。

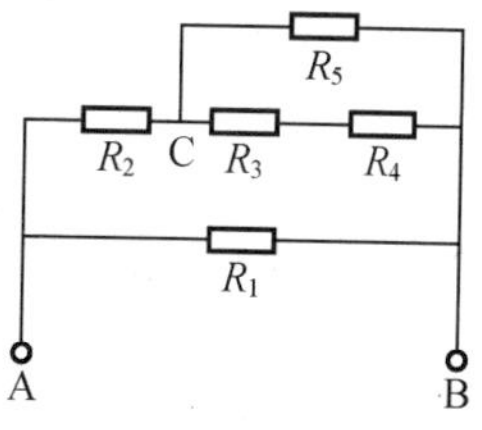

图 1-41 混联等效电路

2）怎样绘制等效电路图呢？首先在原电路图中，给每一个连接点标注一个字母（同一导线相连的各连接点只能用同一字母），按顺序将各字母沿水平方向排列，待求端的字母置于始终两端，最后将各电阻依次填入相应的字母之间。

【例 1-15】 已知图 1-42 中的 $R_1=R_2=R_3=R_4=R_5=1\Omega$，求 A、B 两点间的等效电阻。

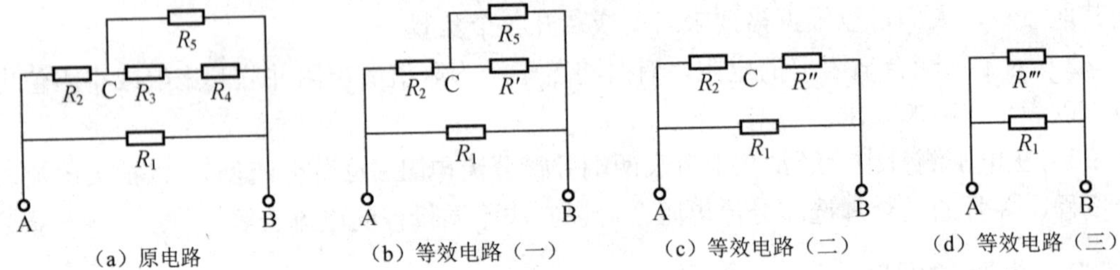

图 1-42 例 1-15 电路图

解：通过分析电路图，可依次绘制出图 1-15（b）、（c）、（d）所示的等效电路图。

$$R_{AB}=R_1//[(R_3+R_4)//R_5+R_2]=\frac{5}{8}\ (\Omega)$$

在电阻混联电路中，已知电路总电压，若求解各电阻上的电压和电流，其步骤一般如下：

1）求出这些电阻的等效电阻。

2）应用欧姆定律求出总电流。

3）应用电流分流公式和电压分压公式，分别求出各电阻上的电压和电流。

【例 1-16】 如图 1-43 所示，其中 $R_1=4\Omega$，$R_2=6\Omega$，$R_3=3.6\Omega$，$R_4=4\Omega$，$R_5=0.6\Omega$，$R_6=1\Omega$，$E=4V$。求各支路电流和电压 U_{AB}、U_{CB}。

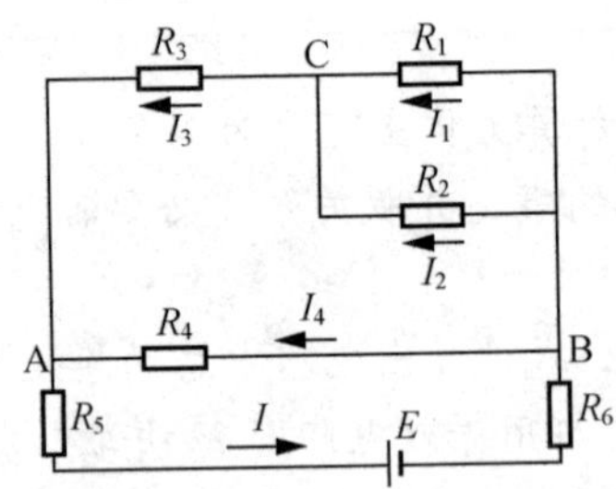

图 1-43 例 1-16 电路图

解：1）计算电路的等效电阻 R。

$$R_{12}=\frac{R_1R_2}{R_1+R_2}=\frac{4\times6}{4+6}=2.4\ (\Omega)$$

$$R_{123}=R_{12}+R_3=2.4+3.6=6\ (\Omega)$$

$$R_{1234}=\frac{R_{123}R_4}{R_{123}+R_4}=\frac{6\times4}{6+4}=2.4\ (\Omega)$$

$$R=R_{1234}+R_5+R_6=2.4+0.6+1=4\ (\Omega)$$

2）电路总电流 I 为

$$I=\frac{E}{R}=\frac{4}{4}=1\ (\text{A})$$

3）计算各支路电流及 U_{AB}、U_{CB}。应用分流公式，得

$$I_4=\frac{R_{123}}{R_{123}+R_4}I=\frac{6}{6+4}\times1=0.6\ (\text{A})$$

$$I_3=I-I_4=1-0.6=0.4\ (\text{A})$$

$$I_1=\frac{R_2}{R_1+R_2}I_3=\frac{6}{4+6}\times0.4=0.24\ (\text{A})$$

$$I_2=I_3-I_1=0.4-0.24=0.16\ (\text{A})$$

根据欧姆定律:

$$U_{AB}=-I_4R_4=-0.6\times4=-2.4\ (\text{V})$$

$$U_{CB}=-I_1R_1=-0.24\times4=-0.96\ (\text{V})$$

或

$$U_{CB}=-I_2R_2=-0.16\times6=-0.96\ (\text{V})$$

课堂检测

1．两个 10Ω的电阻串联后的等效电阻为________，并联后的等效电阻为________。

2．教室的 6 支日光灯是________联的，每个日光灯两端的电压都是________V。

3．串联电路的________相等，并联电路的________相等。

4．小红家客厅的空调和厨房的电磁炉同时工作，它们是________的，________相等。

5．一个 2Ω的电阻和 5Ω的电阻串联，若流过 2Ω电阻的电流为 1A，则流过 5Ω电阻的电流为________A。

6．一个 10Ω的电阻和 5Ω的电阻并联，若流过 5Ω电阻的电流为 1A，则流过 10Ω电阻的电流为________A。

7．一个 10Ω的电阻和 20Ω的电阻串联，若流过 10Ω电阻的电流为 1A，则流过 20Ω电阻的电压为________V。

8．一个 10Ω的电阻和 15Ω的电阻串联，若流过 10Ω电阻的电流为 1A，则流过 15Ω电阻的电压为________V。

课后阅读

乔治·西蒙·欧姆（1787～1854 年）生于巴伐利亚埃朗根城。欧姆的父亲是一个技术熟练的锁匠，十分爱好哲学和数学。欧姆从小就在父亲的教育下学习数学并受到有关机械技能的训练，这对他后来进行研究工作特别是自制仪器有很大的帮助。

欧姆的研究主要是在 1817～1827 年担任中学物理教师期间进行的。1800 年在中学接受过古典式教育，1803 年考入埃朗根大学，未毕业就在一所中学教书。1811 年欧姆又回到埃朗根完成了大学学业，并通过考试于 1813 年获得哲学博士学位。1817 年，他的《几何学教科书》一书出版，同年应聘在科隆大学教授物理学和数学。在该校设备良好的实验室里，他做了大量实验研究，完成了一系列重要发明。他最主要的贡献是通过实验发现了电流公式，后来被称为欧姆定律。1826 年，他把这些研究成果写成《金属导电定律的测定》的论文，发表在德国《化学和物理学杂志》上。欧姆在 1827 年出版的《动力电路的数学研究》一书中，从理论上推导了欧姆定律。此外他对声学也有贡献。1833 年，他前往纽伦堡理工学院任物理学教授。1841 年，欧姆获英国伦敦皇家学会的科普利奖章，并于第二年当选为该学会的国外会员。1852 年，他被任命为慕尼黑大学教授。

为了纪念他，人们把电阻的单位命名为欧姆。

1.6 电功与电功率

1.6.1 电功

通电的灯泡会发热发光，通电的电动机可以带动机器运转，说明电能可以转化成其他形式的能量，这种电流流过负载时，负载将电能转换成其他形式的能量（如磁能、热能、机械能等）的过程，称为电流做功，简称电功，用 W 表示。

研究表明，电流在一定电路上所做的功等于电路两端的电压 U、电路中的电流 I 和通电时间 t 三者的乘积，即

$$W=UIt=UQ=I^2Rt=\frac{U^2t}{R}$$

式中 U——加在负载上的电压，V；

I——流过负载的电流，A；

R——电阻，Ω；

t——时间，s；

W——电功，J；

Q——电荷，C。

电功的单位有焦耳（J）和千瓦时（kW・h）。

通常电能用 kW・h 来表示大小，也叫做度（电）：

$$1\ 度（电）=1\text{kW}\cdot\text{h}=3.6\times10^6\text{J}$$

即功率为 1000W 的供能或耗能元件，在 1h 的时间内所发出或消耗的电能量为 1 度。

1.6.2 焦耳定律

电流通过金属导体时，导体会发热，这种现象称为电流的热效应。

焦耳定律是研究电流通过金属导体时电流的热效应的定律，通过大量实验得到，电流流过金属导体产生的热量与电流的平方、导体的电阻、通电时间成正比。其表达式为

$$Q=I^2Rt$$

式中 I——通过导体的直流电流或交流电流的有效值，A；

R——导体的电阻值，Ω；

t——通过导体电流持续的时间，s；

Q——热量，J。

1.6.3 电能的测量

用电器在一段时间内消耗的电能，可以通过电能表（也称电度表）计量。

图 1-44（a）所示是一个机械式电能表。用电时，中间的铝质圆盘转动，上面的数字以 kW・h 为单位来显示已经消耗的电能。图 1-44（b）所示为智能电能表，消耗的电能直接以数字显示。

（a）

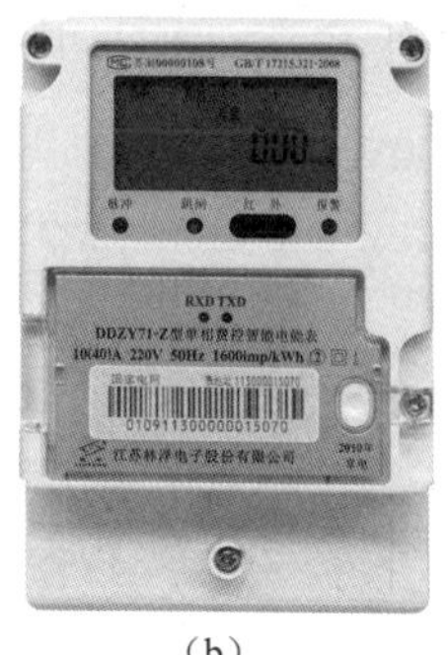

（b）

图 1-44 电能表

电能表的重要参数包括额定电压、额定电流、频率及转数。

目前市面上有一种 IC 卡电能表。用户买来 IC 卡后插入，电能表读取卡中的金额。一旦金额用完，电能表自动切断电路，这时需要为 IC 卡储值，重新插入电能表。

还有一种新式电能表，其中没有转动的铝盘，靠内部的电子电路计算电能，读数由液晶板显示。

各种电能表所显示的数字是从电能表接入电路后总的电能。为了计量一段时间消耗的电能，必须记录这段时间起始和结束时电能表上计数器的示数。电能表的计数器上前后两次读数之差，就是这段时间内消耗的电能。

1.6.4 电功率

电流在单位时间内所做的功，称为电功率，简称功率，用字母 P 表示，其数学表达式为

$$P=\frac{W}{t}$$

式中 W——电功，J；

t——时间，s；

P——功率，W。

根据上式可得到功率的常见计算公式：

$$P=IU=I^2R=\frac{U^2}{R}$$

【例 1-17】 有一个功率为 60W 的电灯，每天使用它照明的时间为 4h，如果平均每月按 30 天计算，那么每月消耗的电能为多少？合计为多少焦？

解： 该电灯平均每月工作时间 $t=4\times30=120$（h），则

$$W=Pt=60\times120=7200\text{（W·h）}=7.2\text{kW·h}$$

所以每月消耗的电能为 7.2 度 $=3.6\times10^6\times7.2\text{J}\approx2.6\times10^7\text{J}$。

【例 1-18】 一个“220V 100W”的灯泡正常发光时通过灯丝的电流是多少？灯丝的电阻是多少？

解： 由 $P=100\text{W}$，$U=220\text{V}$ 得

$$I=\frac{P}{U}=\frac{100}{220}\approx0.4545\text{（A）}$$

$$R=\frac{U^2}{P}=\frac{220^2}{100}=484\text{（Ω）}$$

【例 1-19】 某家庭用节能型日光灯的额定功率为 11W，使用时通过的电流是多少毫安？

解： 由 $P=UI$ 可得

$$I=\frac{P}{U}=\frac{11}{220}=0.05\text{（A）}=50\text{mA}$$

1.6.5 电气设备的额定值

通常把电气设备和元器件安全工作时所允许的最大电流、电压和功率分别叫做额定电流、额定电压和额定功率。一般元器件和设备的额定值都标在明显位置，如灯泡上标有的“220V 40W”和电阻上标有的“100Ω 2W”等，都是它们的额定值。电动机的额定值通常标在其外壳的铭牌上，故其额定值也称铭牌数据。

电气设备或元器件在额定功率下的工作状态叫做额定工作状态，也称满载状态。

电气设备或元器件在高于额定功率的工作状态叫做过载（超载）状态。过载时电气设备很容易被烧坏或造成严重事故。

课堂检测

一、填空题

1．电流的热效应说明电流通过金属导体时都会________。

2．电功的符号是________，单位有________或________，二者的换算关系是________。

3．电功率的符号是________，单位是________，计算公式是________。

4．电气设备或元器件在________工作时所允许的________电压、电流、功率分别叫做额定电压、额定电流、额定功率。

5．一个标有“220V 40W”的灯泡的电阻为________。

6．对于“220V 40W”和“220V 25W”的灯泡，________的电阻大，________功率大。

7．当 10Ω的电阻和 20Ω的电阻串联时，________功率大。当这两个电阻并联时，________功率大。

8．1 度电相当于 1000W 的用电器________所消耗的电能。

二、计算题

1．学校现有教室 40 间，每间教室有 6 个 40W 的日光灯，按每天工作 6h，试计算学校一个月的耗电量（按 30 天计算）。

2．某家庭有电器如下：电饭锅（500W）一天用 1.5h；电视机（300W）一天用 5h；洗衣机（500W）每天用 40min；灯泡 6 个，每天平均用 2h；空调（1000W）每天用 8h，试计算该家庭一个月（30 天）的用电量为多少度，按 0.58 元/kW • h 计算，需缴多少电费？

课后阅读

家用电器的功率如表 1-8 所示。

表 1-8 家用电器的功率

电器	功率	电器	功率
空调	约 1200W	电吹风机	约 500W
微波炉	约 1000W	电熨斗	约 750W
电饭煲	约 1000W	洗衣机	约 500W
电热水器	约 1000W	电视机	约 350W
电冰箱	约 200W	计算机	约 500W
电风扇	约 100W	手电筒	约 0.5W
抽油烟机	约 150W	计算器	约 0.5mW

基尔霍夫定律

1.7.1 复杂电路

运用欧姆定律及电阻串、并联能进行化简、计算的直流电路，叫做简单直流电路。例如，图 1-45（a）所示的电路可以简化等效成图 1-45（b）所示的电路，并可以通过欧姆定律进行计算。

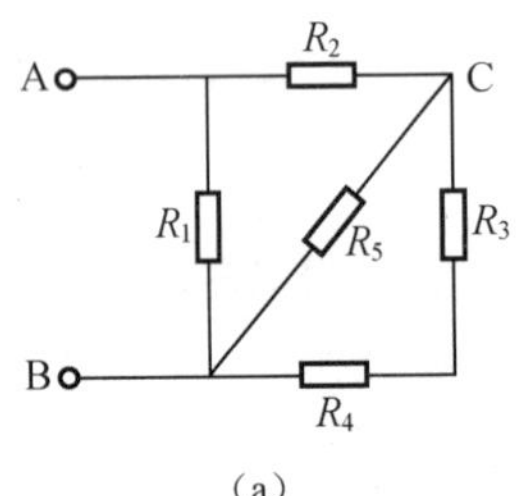

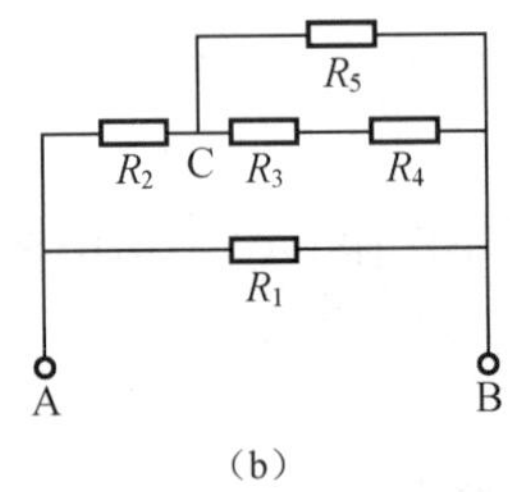

图 1-45 简单直流电路

但在实际工作中，经常会遇到图 1-46 所示的电路。在图 1-46（a）中，有 2 个电源接在不同的一段电路上，3 个电阻之间不存在串、并联关系；同样，图 1-46（b）中的 5 个电阻之间也不存在串、并联关系。这种不能用串、并联关系进行化简的直流电路叫做复杂电路。

分析复杂直流电路主要依据电路的两条基本定律——欧姆定律和基尔霍夫定律。基尔霍夫定律既适用于直流电路，也适用于交流电路。

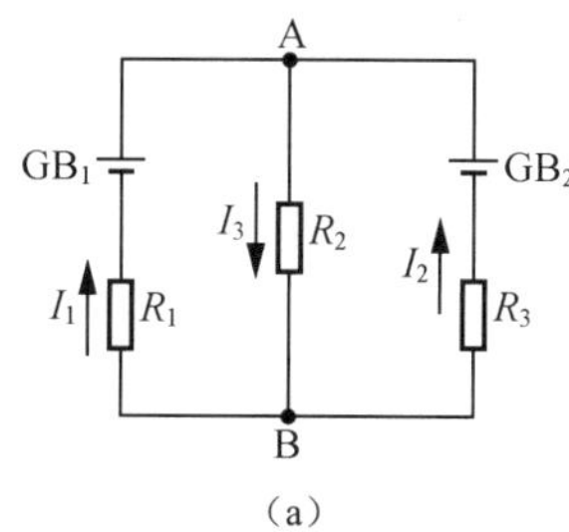

（a）

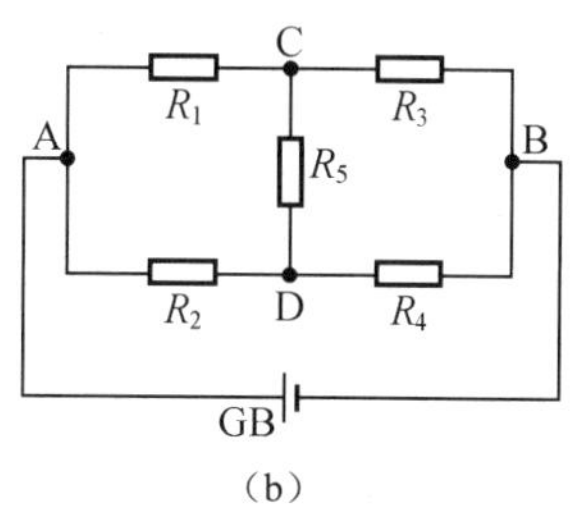

（b）

图 1-46　复杂电路

为研究复杂电路，我们先了解有关复杂电路的相关名词。

1）支路：由一个或几个元器件首尾相接构成的一段无分支电路。在同一支路内，流过所有元器件的电流相等。在图 1-46（a）中有 3 条支路，图 1-46（b）中有 6 条支路。其中含有电源的支路叫做有源支路，不含电源的支路叫做无源支路。

2）节点：电路中 3 条或 3 条以上支路的连接点叫做节点。在图 1-46（a）中有 2 个节点，即 A、B；在图 1-46（b）中有 4 个节点，即 A、B、C、D。

3）回路：电路中任一闭合的路径。一个回路可能只含一条支路，也可能包含几条支路。在图 1-46（a）中有 3 个回路，在图 1-46（b）中有 7 个回路。

4）网孔：内部不含支路的回路。在图 1-46（a）中有 2 个网孔，在图 1-46（b）中有 3 个网孔。

1.7.2　基尔霍夫第一定律

基尔霍夫第一定律也称节点电流定律（KCL）。此定律说明了连接在同一节点上的几条支路中电流的关系，其内容是：在电路中任意一个节点上，在任一瞬间，流进节点的电流之和等于流出该节点的电流之和，即

$$\sum I_{入}=\sum I_{出}$$

例如，在图 1-46（a）中，对于节点 A 有

$$I_1+I_2=I_3$$

上式可改写成

$$I_1+I_2-I_3=0$$

得到

$$\sum I=0$$

因此，基尔霍夫第一定律内容也可叙述为：在电路中任意一节点上，电流的代数和恒等于零。

【例 1-20】在图 1-47 中，已知 $I_1=2\text{A}$，$I_2=-3\text{A}$，$I_3=3\text{A}$，$I_4=5\text{A}$，试求 I_5。

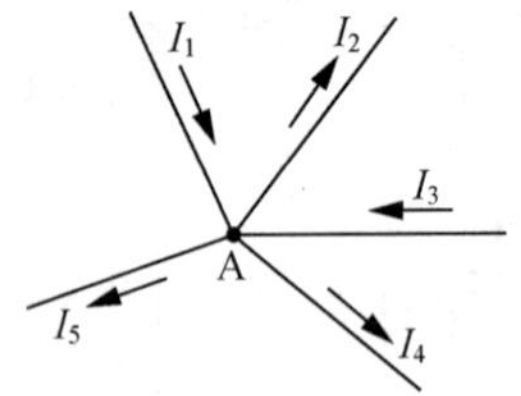

图 1-47　例 1-20 图

解：由基尔霍夫第一定律可知

$$I_1+I_3=I_2+I_4+I_5$$
$$I_5=I_1+I_3-I_2-I_4$$

所以

$$I_5=2+3-(-3)-5$$
$$=3\ (\text{A})$$

其中，括号外的正负号是由基尔霍夫第一定律根据电流的参考方向确定的，括号内数字前的正负号则表示电流本身数值的正负。

【例 1-21】 在图 1-48 所示的电路中，已知 $I_1=5\text{A}$，$I_5=3\text{A}$，试求 I_4。

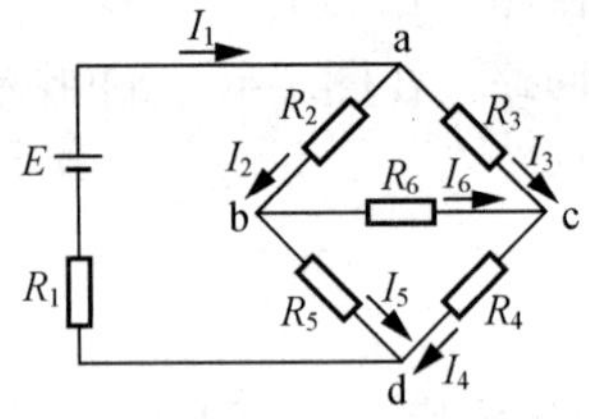

图 1-48　例 1-21 图

解：先任意假设未知电流 I_4 的参考方向，如图 1-48 所示。根据基尔霍夫第一定律，得

$$I_1=I_4+I_5$$

所以

$$I_4=I_1-I_5=5-3=2\ (\text{A})$$

电流 I_4 为正值，表示 I_4 的实际方向与参考方向相同。所以电流 I_4 的大小为 2A，实际方向应为流入 d 点。

在使用电流定律时，必须注意：

1）对于含有 n 个节点的电路，只能列出 $n-1$ 个独立的电流方程。

2）列节点电流方程时，只需考虑电流的参考方向，然后代入电流的数值。

在分析未知电流时，可先任意假设支路电流的参考方向，列出节点电流方程。通常可将流进节点的电流取为正值，流出节点的电流取为负值，再根据计算值的正负来确定未知电流的实际方向。有些支路的电流可能是负值，这是由于所假设的电流方向与实际方向相反。

基尔霍夫第一定律不仅适用于节点，而且可以应用于任意假定的闭合面。例如，在图 1-49 所示的电路中，假定一个封闭面把电阻 R_2～R_6 所构成的电路全部包围起来，则流进封闭面的电流应等于流出封闭面的电流。

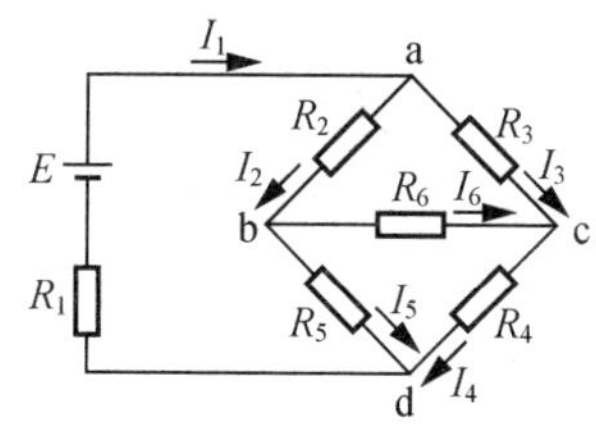

图 1-49 基尔霍夫第一定律应用

事实上，不论电路怎样复杂，总是通过两根导线与电源连接，而这两根导线串联在电路中，所以流过它们的电流必然相等。

1.7.3 基尔霍夫第二定律

基尔霍夫第二定律又称回路电压定律（KVL）。此定律说明了回路中各部分电压之间的相互关系。其内容是：对于电路中的任一闭合回路，沿回路绕行方向的各段电压的代数和等于零，用公式表示为

$$\sum U=0$$

如图 1-50 所示，回路 abcdea 表示复杂电路中的其中一个回路（其余回路没有画出来）。

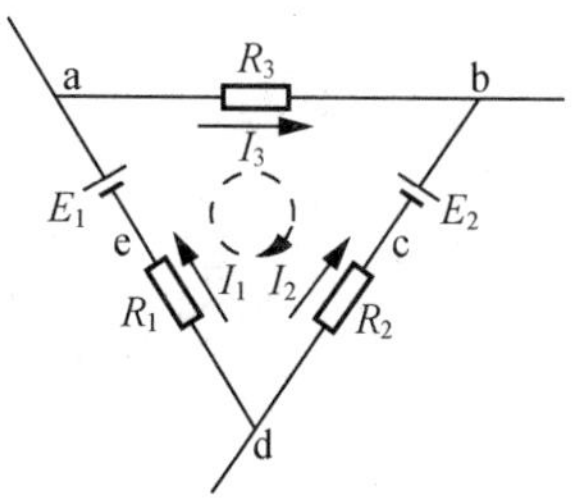

图 1-50 闭合回路电压图

各支路电流的参考方向如图 1-50 所示，当沿 a→b→c→d→e→a 绕行时，电位有时升高，有时降低，但无论怎样变化，从 a 点绕闭合回路一周回到 a 点时，a 点的电位数值不变。也就是说，从一点出发绕闭合回路一周回到该点时，各部分电压的代数和等于零。

$$U_{ab}+U_{bc}+U_{cd}+U_{de}+U_{ea}=0$$

即

$$I_3R_3+E_2-I_2R_2+I_1R_1-E_1=0$$

将电动势移到等号右端得

$$I_1R_1-I_2R_2+I_3R_3=E_1-E_2$$

这样，基尔霍夫第二定律的内容又可叙述为：在任一闭合回路中，各个电阻上电压的代数和等于各个电动势的代数和，即

$$\sum E=\sum IR$$

上式表明，在任一回路循环方向上，回路中电动势的代数和恒等于电阻上电压降的代数和。

凡电动势的方向与所选回路循环方向一致者，取正值，反之则取负值；凡电流的参考方向与回路循环方向一致者，则该电流在电阻上所产生的电压降取正值，反之则取负值。

基尔霍夫第二定律不仅适用于闭合回路，而且可以应用于不完全由实际元器件构成的假想回路。如图 1-51 所示，A、B 之间无支路直接相连，但可设想有一条虚拟回路 ABC，对此虚拟回路可列出回路电压方程：

$$\sum U=U_{\mathrm{A}}-U_{\mathrm{B}}-U_{\mathrm{AB}}=0$$

或

$$U_{\mathrm{AB}}=U_{\mathrm{A}}-U_{\mathrm{B}}$$

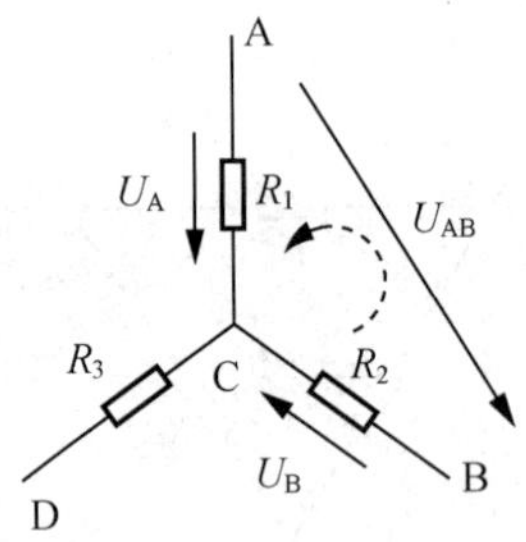

图 1-51　基尔霍夫第二定律推广应用

1.7.4　支路电流法求解电路

支路电流法就是以各支路电流为未知量，根据基尔霍夫定律列出方程组，然后解联立方程组，求得各支路电流。

利用支路电流法求解电路的步骤如下：

01 标出各支路电流的参考方向和独立回路的循环方向。支路电流的参考方向和

独立回路的循环方向可以任意假设，一般与电动势方向一致；对于具有两个以上电动势的回路，一般取电动势大的方向为循环方向。

02 用基尔霍夫第一、第二定律列出节点电流方程式和回路电压方程式。对于一个具有 n 条支路、m 个节点（$n>m$）的复杂直流电路，需要列出 n 个方程式来联立求解。由于 m 个节点只能列出 $m-1$ 个节点方程式，这样还缺 $n-(m-1)$个方程式。不足的方程式可由回路电压方程式补足。一般回路电压方程式可在独立回路中列出。

03 代入已知量解联立方程式，求出各支路电流的大小，并确定各支路电流的实际方向。计算结果为正值时，实际方向与参考方向相同；计算结果为负值时，实际方向与参考方向相反。

【例 1-22】 如图 1-52 所示，已知 $E_1=18\text{V}$，$E_2=9\text{V}$，$R_1=R_2=1\Omega$，$R_3=4\Omega$，试求各支路电流。

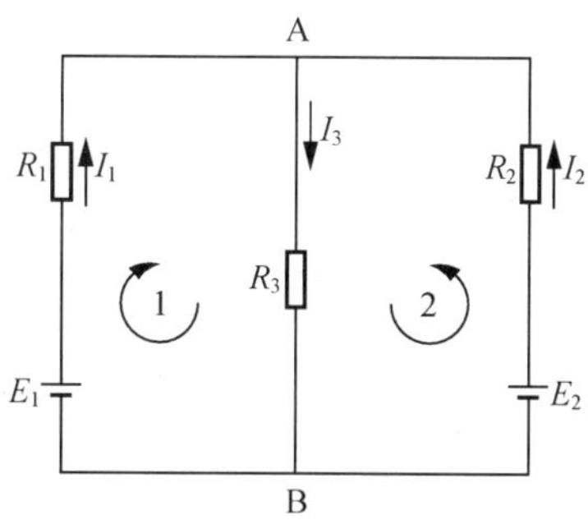

图 1-52 例 1-22 电路图

解： 1）假设各支路电流方向和回路循环方向如图 1-52 所示。

2）电路中只有两个节点，只能列出一个独立的节点电流方程式。

$$I_1+I_2=I_3$$

另外两个方程式由基尔霍夫第二定律列出。

对于回路 1，有

$$E_1=I_1R_1+I_3R_3$$

对于回路 2，有

$$E_2=I_2R_2+I_3R_3$$

3）代入已知量解联立方程式：

$$\begin{cases} I_1+I_2-I_3=0 \\ I_1+4I_3=18 \\ I_2+4I_3=9 \end{cases}$$

解得 $I_1=6\text{A}$（实际方向与假设方向相同），$I_2=-3\text{A}$（实际方向与假设方向相反），$I_3=3\text{A}$（实际方向与假设方向相同）。

课堂检测

1．根据图 1-53 和图 1-54，回答问题。

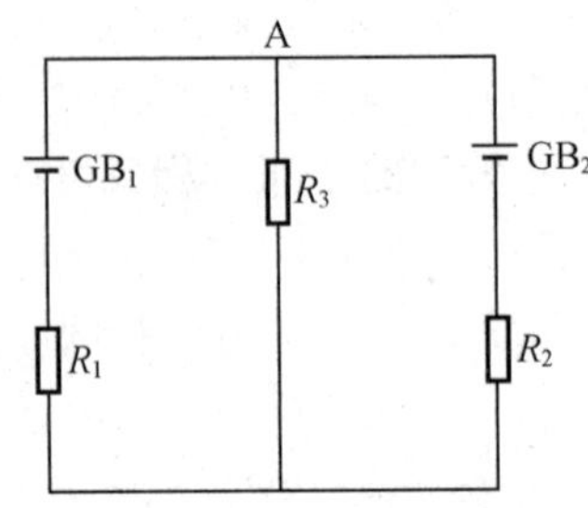

图 1-53 题 1 图（一）

节点有________、________（填代号）。支路有________、________、________。网孔有________、________。

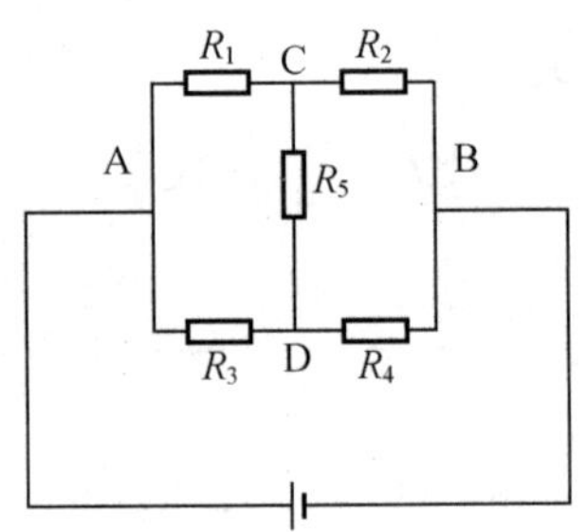

图 1-54 题 1 图（二）

节点有________、________、________、________。支路有________、________、________、________、________、________。网孔有________、________、________。

2．如图 1-55 所示电路，若 $I_1=1.5\text{A}$，$I_2=0.5\text{A}$，$I_4=1\text{A}$，$I_5=2\text{A}$，求 I_3 的大小。

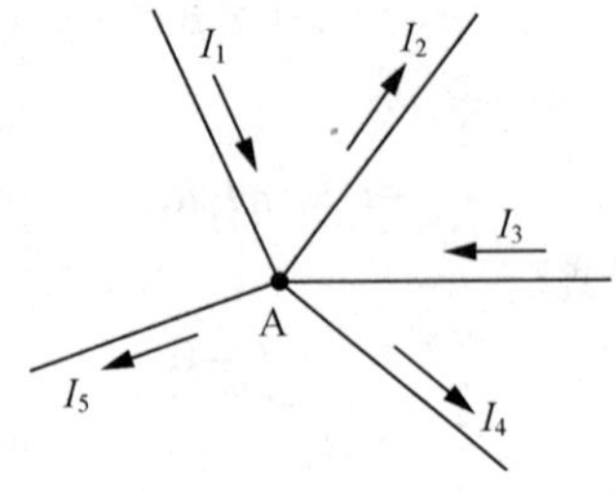

图 1-55 题 2 图

3．用基尔霍夫第二定律列出图 1-56 所示电路的电压方程。

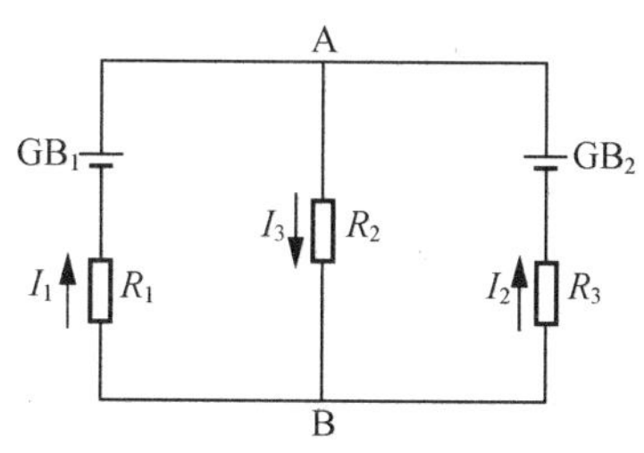

图1-56 题3图

课后阅读

基尔霍夫（1824～1887年），德国物理学家，1824年3月12日生于普鲁士的柯尼斯堡（今俄罗斯加里宁格勒），1887年10月17日卒于柏林。基尔霍夫在柯尼斯堡大学读物理，1847年毕业后去柏林大学任教，3年后去布雷斯劳任临时教授，1854年由R.W.E.本生推荐任海德堡大学教授，1875年因健康不佳不能做实验，到柏林大学任理论物理教授，直到逝世。

电路设计方面的研究成就：1845年，21岁时他发表了第一篇论文，提出了稳恒电路网络中电流、电压、电阻关系的两条电路定律，即著名的基尔霍夫第一定律和基尔霍夫第二定律，解决了电器设计中电路方面的难题；后来又研究了电路中电的流动和分布，从而阐明了电路中两点间的电势差和静电学的电势这两个物理量在量纲和单位上的一致，使基尔霍夫电路定律具有更广泛的意义。直到现在，基尔霍夫电路定律仍旧是解决复杂电路问题的重要工具。基尔霍夫被称为“电路求解大师”。

小结

1．电流流经的路径叫做电路。一般电路由电源、负载、开关和连接导线组成。

2．电荷有规则的定向移动形成电流。电流的方向规定为正电荷移动的方向，即由高电位流向低电位。度量电流强弱的物理量是电流强度，简称电流，用符号I表示，$I=Q/t$。电流的单位为A。

3．电压又称电位差，是衡量电场力做功本领大小的物理量。电压的单位为V。

4．电位是指电路中某点与参考点之间的电压。通常把参考点的电位规定为零，又称零电位。电位的文字符号用带单标的字母U表示，如U_A，即表示A点的电位。电位的单位也是V。电路中任意两点（如A和B两点）之间的电位差（电压）与这两点电位的关系式为$U_{AB}=U_A-U_B$。

5．电动势的定义：在电源内部外力将单位正电荷从电源的负极移到电源正极所做的功，用符号E表示，电动势的单位是V。电动势的方向规定：在电源内部由负极指向正极。

6．导体对电流的阻碍作用称为电阻，用符号 R 表示。其单位为Ω（欧姆）。金属导体电阻的大小与其几何尺寸及材料性质有关，$R=\rho L/S$。电阻的倒数称为电导。

7．部分电路欧姆定律：流过电阻的电流 I 与加在电阻两端的电压 U 成正比，与电阻 R 成反比。用公式表示为 $I=U/R$。

全电路欧姆定律：在全电路中，电流强度与电源的电动势成正比，与整个电路的内、外电阻之和成反比。其数学表达式为 $I=E/(R+r)$。

8．串联和并联是电阻的两种基本连接方式。在电阻的串联电路和并联电路中，存在的关系如表 1-9 所示。

表 1-9　串、并联电路参数关系

电阻形式	参数	串联	并联
多个电阻	电压 U	$U=U_1+U_2+U_3+\cdots+U_n$	各电阻的电压相同
	等效电阻 R	$R=R_1+R_2+R_3+\cdots+R_n$	$\frac{1}{R}=\frac{1}{R_1}+\frac{1}{R_2}+\cdots+\frac{1}{R_n}$
	电流 I	各电阻中的电流相同	$I=I_1+I_2+\cdots+I_n$
	功率 P	$P=P_1+P_2+P_3+\cdots$ $=I^2R_1+I^2R_2+I^2R_3+\cdots$	$P=P_1+P_2+P_3+\cdots$ $=\frac{U^2}{R_1}+\frac{U^2}{R_2}+\frac{U^2}{R_3}+\cdots$
两个电阻	等效电阻 R	$R=R_1+R_2$	$R=R_1 /\!/ R_2=\frac{R_1R_2}{R_1+R_2}$
	分压、分流公式	$U_1=\frac{R_1}{R_1+R_2}U$ $U_2=\frac{R_2}{R_1+R_2}U$	$I_1=\frac{R_2}{R_1+R_2}I$ $I_2=\frac{R_1}{R_1+R_2}I$

9．电阻混联电路是由电阻的串联与并联混合构成的，因此，计算混联电路时，首先要求出等效电阻，然后利用欧姆定律和串、并联电路的特点，求出各电阻上的电压、电流。

10．焦耳定律：电流流过金属导体产生的热量与电流的平方、导体的电阻、通电时间成正比，即 $Q=I^2Rt$。

11．电流流过负载时，电流要做功，简称电功。$W=UQ=UIt=I^2Rt=U^2t/R$，电功的单位是 J 和 kW・h。

12．电流在单位时间内所做的功，称为电功率，简称功率。其数学表达式为 $P=W/t=IU=I^2R=U^2/R$。电功率的单位有 W、kW 和 MW。

13．通常把电气设备和元器件安全工作时所允许的最大电流、电压和功率，分别叫做额定电流、额定电压和额定功率。

14．基尔霍夫第一定律也称节点电流定律。其内容是：电路中任意一个节点上，在任一瞬间，流进节点的电流之和等于流出该节点的电流之和，即 $\sum I_{入}=\sum I_{出}$。

15．基尔霍夫第二定律又称回路电压定律。其内容是：对于电路中的任一闭合回路，沿回路绕行方向的各段电压的代数和等于零，即 $\sum U=0$。

16．支路电流法就是以各支路电流为未知量，根据基尔霍夫定律列出方程组，然后解联立方程组，求得各支路电流。对于一个具有 n 条支路、m 个节点（$n>m$）的复杂直流电路，需列出 $m-1$ 个节点方程式、$n-(m-1)$个回路电压方程式。

1．题图 1-1 所示为一段通电导体。试问各截面上的电流是否一样。如不一样，何处最大？何处最小？

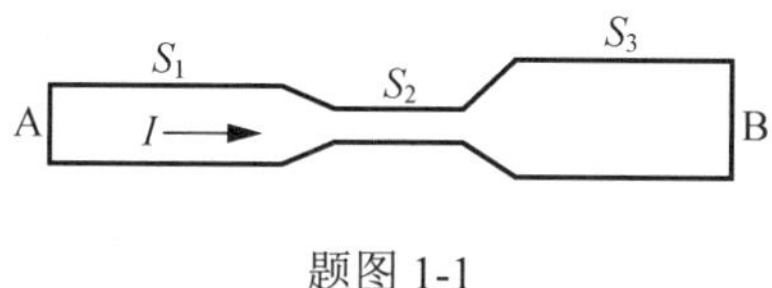

题图 1-1

2．某机床供电线路需通过 15A 的电流，则应选用多粗的铜导线供电（设铜导线允许电流密度为 $6A/mm^2$）？

3．在题图 1-2 中，每个电池的电压为 1.5V。若分别以 C 点和 B 点为参考点，试求各点电位及 A、B 和 A、C 之间的电压。

A 1.5V B 1.5V C

题图 1-2

4．在题图 1-3 所示电路中，以 O 点为参考点，$U_A=10V$，$U_B=5V$，$U_C=-5V$，试求 U_{AB}、U_{BC}、U_{AC}、U_{CA}。

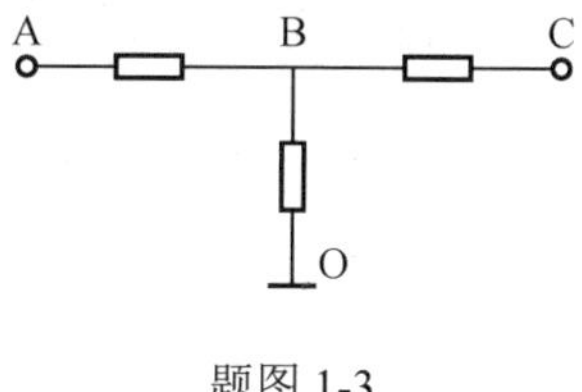

题图 1-3

5．在题图 1-4 所示各图中，已知电源电动势 $E=3V$，求各图中电源两端的电压 U_{AB}。

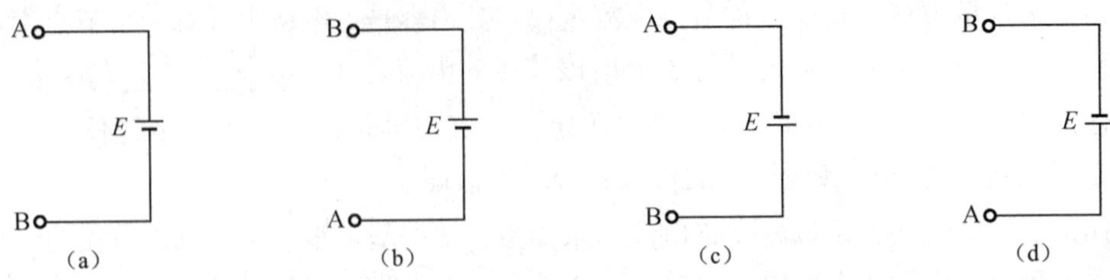

题图 1-4

6．已知电炉的电阻是 44Ω，使用时通过的电流是 5A，试求供电线路的电压。

7．导体两端的电压是 4V，在 2min 内通过的电量是 24C。求该导体的电阻。

8．已知某电池的电动势 $E=1.65\text{V}$，在电池两端接上一个 $R=5\Omega$ 的电阻，测得电路中的电流 $I=300\text{mA}$。试计算电池的端电压和内阻。

9．求题图 1-5 所示电路中的 U_{AB}。

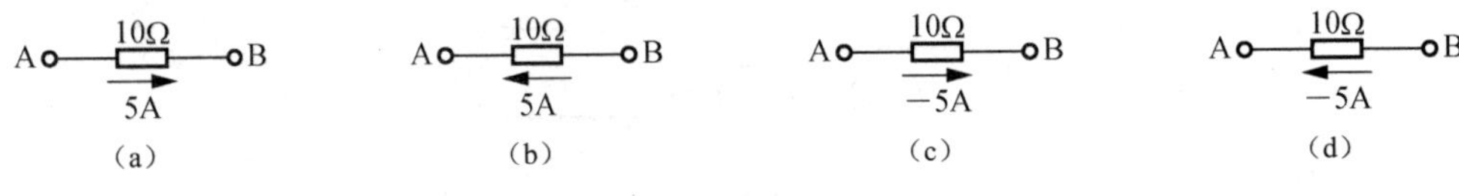

题图 1-5

10．求题图 1-6 所示电路中的电压 U。

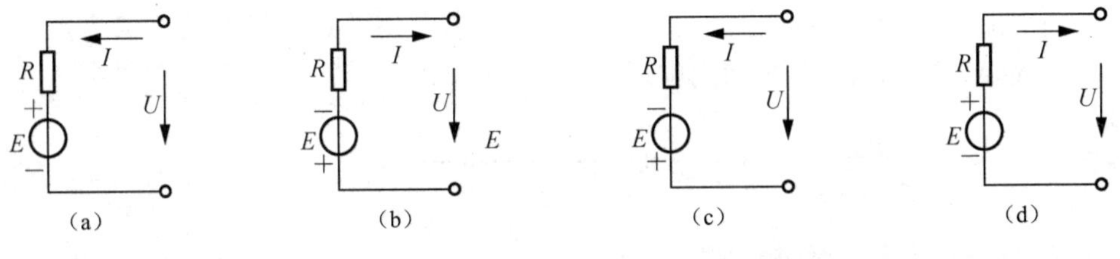

题图 1-6

11．如题图 1-7 所示，已知电源电动势 $E=220\text{V}$，内电阻 $r=10\Omega$，负载 $R=100\Omega$，求：(1) 电路电流；(2) 电源端电压；(3) 负载上的电压降；(4) 电源内电阻上的电压降。

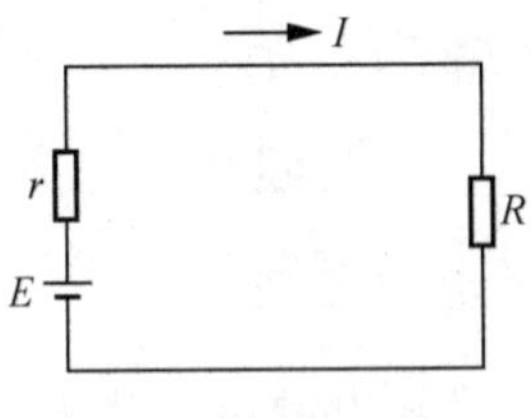

题图 1-7

12．如题图 1-8 所示，求各点电位及电压 U_{AB}、U_{AC}、U_{BC}。

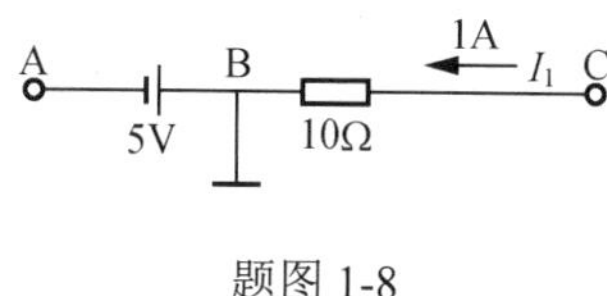

题图 1-8

13．如题图 1-9 所示，$R=1\Omega$，分别求当开关 S 合上和打开时 A、B 两点的电位。

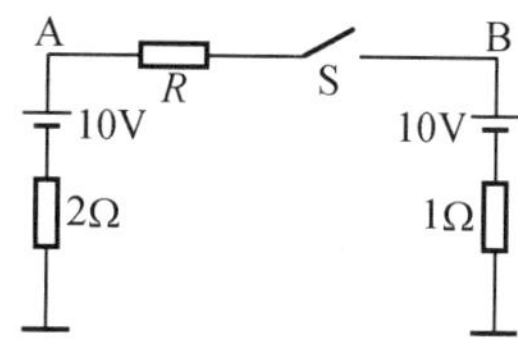

题图 1-9

14．如题图 1-10 所示，求 A、B、C 各点的电位。

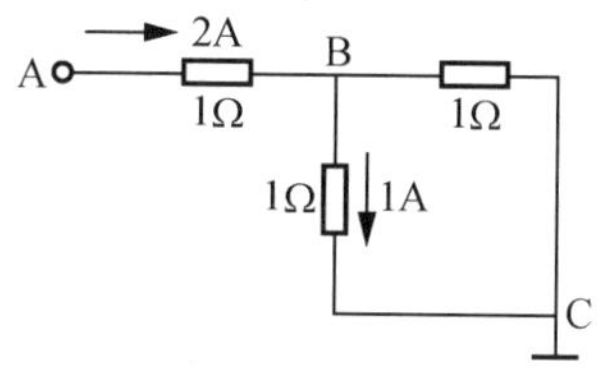

题图 1-10

15．如题图 1-11 所示，已知 $E_1=3\text{V}$，$E_2=4.5\text{V}$，$R=10\Omega$，$U_{AB}=-10\text{V}$，求流过电阻 R 的电流的大小和方向。

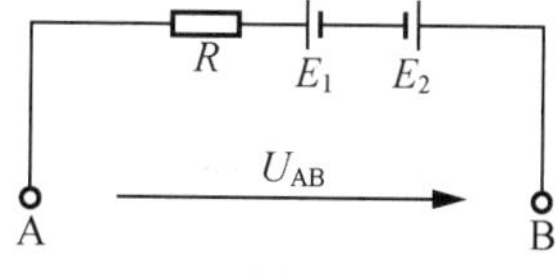

题图 1-11

16．如题图 1-12 所示，已知 $R_1=R_2=R_3=6\Omega$，$E_1=3\text{V}$，$E_2=12\text{V}$，求 A、B 两点的电压 U_{AB}。

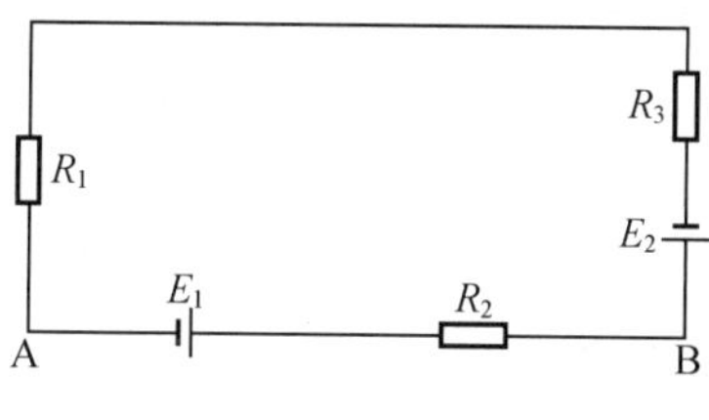

题图 1-12

17．一台抽水用的电动机的功率为2.8kW，每天运行6h，则一个月（按30天计算）消耗多少电能？

18．一个蓄电池的电动势是20V，内阻是3Ω，外接负载的电阻为7Ω。试求蓄电池发出的功率、负载消耗的功率。

19．标有“220V 100W”的灯泡经一段导线接在220V的电源上时，它消耗的实际功率为81W。求导线上的损失功率。

20．车间要安装一台电炉，电压为220V，功率为10kW，试选择供电导线的横截面积（设导线允许电流密度为6A/mm^2）。如采用4mm^{2}截面的导线，将会出现什么现象？

21．一个额定值为“0.5W 200Ω”的碳膜电阻，在它两端能否加9V的电压？可以加15V的电压吗？为什么？

22．由电动势为110V、内阻为0.5Ω的电源给负载供电，负载电流为10A。求通路时电源的输出电压。若负载短路，求短路电流和电源输出电压。

23．如题图1-13所示电路，已知$E=6\text{V}$，$r=0.5\Omega$，$R=200\Omega$。求开关分别在1、2、3位置时电压表和电流表的读数。

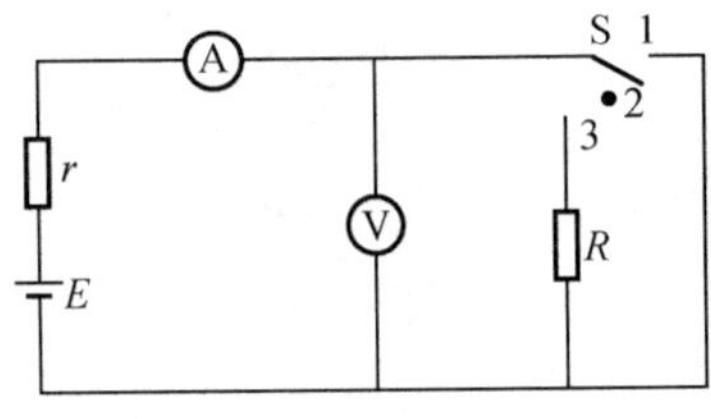

题图1-13

24．下列说法对吗？为什么？

（1）当电源的内电阻为零时，电源电动势的大小等于电源端电压。

（2）当电路开路时，电源电动势的大小等于电源端电压。

（3）在通路状态下，负载电阻变大，端电压就下降。

（4）在短路状态下，内压降等于零。

（5）把“220V 40W”的灯泡接在110V电压上时，功率还是40W。

（6）把“220V 25W”的灯泡接在“220V 1000W”的发电机上，灯泡会被烧坏。

（7）电阻器表面所标阻值都是标称阻值。

（8）在电源电压一定的情况下，电阻大的负载就是大负载。

25．在题图1-14中，已知$R_1=25\Omega$，$R_2=55\Omega$，$R_3=30\Omega$。求：

（1）开关S打开时电路中的电流及各电阻上的电压。

（2）开关S合上后，各电压是增大还是减小，为什么？

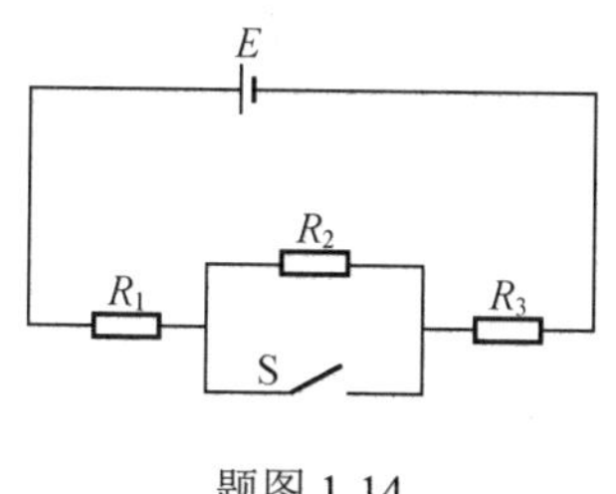

题图 1-14

26．如题图 1-15 所示，$R_1=10\Omega$，$R_2=40\Omega$，$R_3=50\Omega$，电流表的读数为 2A，求总电压 U、R_1 上的电压 U_1 及 R_2 上的功率 P_2。

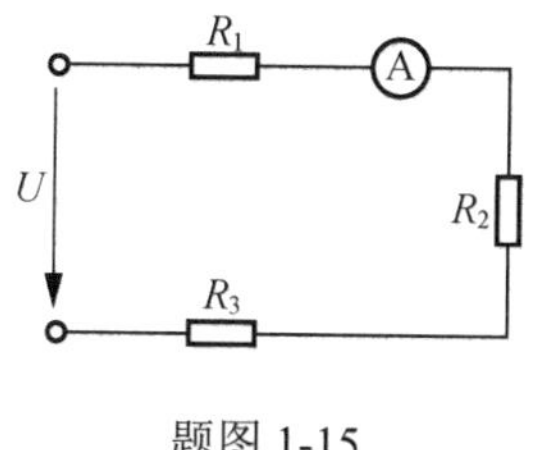

题图 1-15

27．一只“60W 110V”的灯泡若接在 220V 电源上，则需串联多大的降压电阻？

28．有一个表头，量程是 100μA，内阻 r_g 为 1kΩ。如果把它改装成一个量程分别为 3V、30V、300V 的多量程电压表，如题图 1-16 所示。试计算 R_1 和 R_2 的阻值。

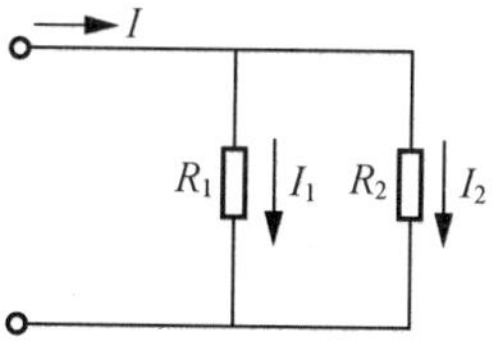

题图 1-16

29．在题图 1-16 中，已知 $R_1=100\Omega$，$I=3\text{mA}$，$I_1=2\text{mA}$，则 I_2 及 R_2 是多少？

30．在题图 1-17 中，电流表 A_1 的读数为 9A，电流表 A_2 的读数为 3A，$R_1=4\Omega$，$R_2=6\Omega$，则总的等效电阻 R 是多少，电阻 R_3 是多少？

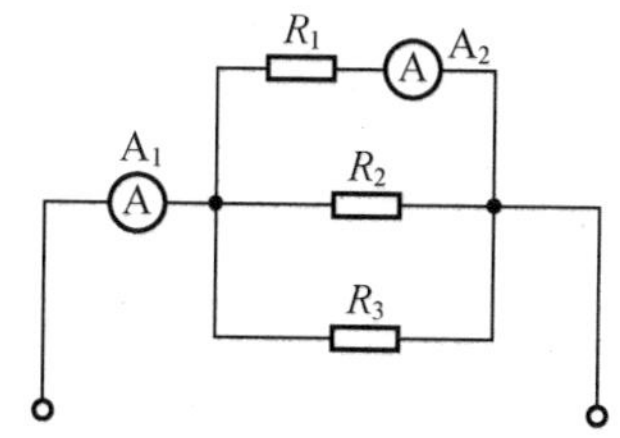

题图 1-17

31．有一个表头，量程为500μA，内阻为4kΩ，如果将表头改为量程为10A的电流表，则应并联多大的分流电阻？

32．试计算题图1-18（a）、（b）的等效电阻 R_{AB}。已知 $R_1=R_2=R_3=R_4=30\Omega$，$R_5=60\Omega$，$R_6=400\Omega$，$R_7=300\Omega$，$R_8=400\Omega$，$R_9=120\Omega$，$R_{10}=240\Omega$。

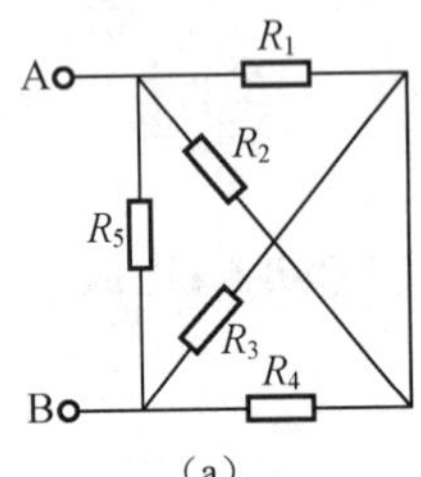

（a）

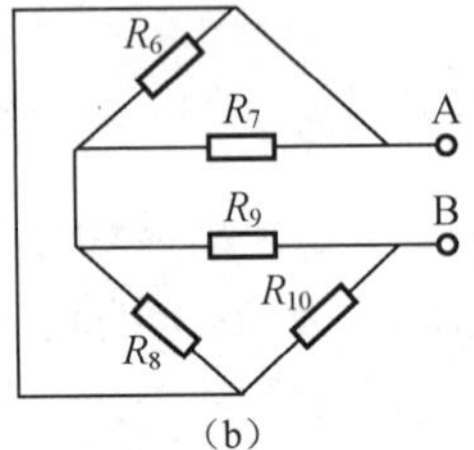

（b）

题图1-18

33．题图1-19所示是一个简单的供电线路图。其中 R_{01} 和 R_{02} 为输电导线的电阻，R_1 和 R_2 为负载，已知 $U=110V$，$r=0.2\Omega$，$R_{01}=0.25\Omega$，$R_{02}=0.5\Omega$，负载电阻 $R_2=9\Omega$，其消耗功率为900W。求电动势 E 的大小和 R_1 消耗的功率。

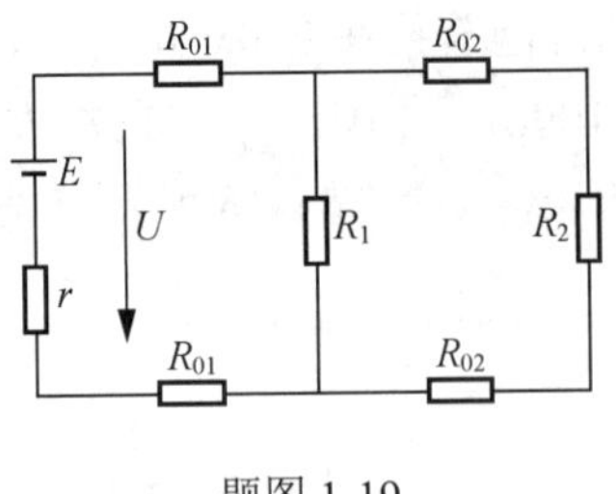

题图1-19

34．在题图1-20所示电路中，已知 $E_1=10V$，$E_2=5V$，$R_1=5\Omega$，$R_2=1\Omega$，$R_3=10\Omega$，$R_4=5\Omega$。求各支路电流。

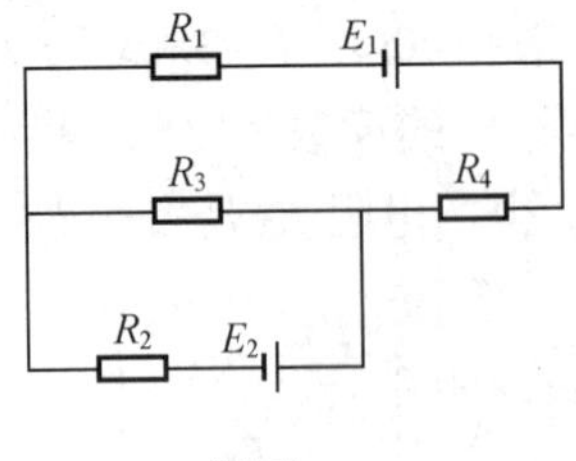

题图1-20

2 单元 电场与电磁感应

◎ 教学情境

从古老的指南针到今天广为应用的磁卡、磁带、磁头、扬声器、电磁炉、电动机、变压器……还有那无需车轮就可以飞速行驶的磁悬浮列车，磁正和电一样，与我们的生产、生活紧密相连，让世界变得绚丽多彩。

◎ 教学重点

- 掌握磁场的基本概念及表示。
- 理解磁场对电流的作用。
- 理解电磁感应现象、产生电磁感应的条件、感应电动势的判断和计算方法。
- 了解自感应和互感应现象及应用。

◎ 教学目标

项目教学目标		教学方式	建议学时
知识目标	1．理解磁场的基本物理量的定义、符号、单位； 2．了解磁场与电流的关系； 3．掌握电磁感应的基本规律； 4．掌握自感、互感的基本知识	教师讲授、学生练习、课堂检测	18
技能目标	1．掌握电磁感应定律及其应用； 2．会判断电流的磁场方向及通电导体在磁场中的受力方向； 3．会判断绕组的同名端	教师演示、学生动手操作	4
情感目标	1．培养学生严谨的学习态度、追寻真理的精神； 2．激发学生学习兴趣，培养学习积极性； 3．培养学生良好的职业习惯； 4．培养学生的团队协作精神； 5．牢固树立安全用电意识	言传身教、潜移默化	2

2.1 磁场的基本知识

在我们的生活中存在许多神奇的事情：磁铁能够吸起地上的铁钉，无论指南针怎么放置，它总是指向南北方向，这些现象都是因为有磁场的存在。据说公元 800 多年，在茫茫大海上，没有航标，没有明确的航道。船上的中国人利用手中仪器指示的方向，开辟了从浙江温州到达日本嘉值岛的航线。这个神奇的仪器就是我国古代的四大发明之一——罗盘，如图 2-1 所示。

图 2-1　古代罗盘

研究发现，磁场是由磁体产生的，并且地球就是一个巨大的磁体，周边有磁场，古代罗盘就是在地磁场的作用下进行导航的。

2.1.1　磁场

1. 磁体与磁极

人们把凡是能够吸引铁、镍、钴等金属及其合金等物质的性质叫做磁性。具有磁性的物体叫做磁体。天然存在的磁体（俗称吸铁石）叫做天然磁体。现在常见的磁体大多数是人造的，人造磁体有条形、蹄形和针形等几种，如图 2-2 所示。

磁体两端磁性最强的区域叫做磁极。实验证明，任何磁体都具有两个磁极，而且无论怎样分割磁体，它总是保持两个磁极。在水平位置放置能自由转动的小磁针，静止后总是有一个磁极指南，另一个指北。指北的磁极称为北极（N），指南的磁极称为南极（S）。

磁极间具有相互作用力，即同极性互相排斥，异极性互相吸引。磁极间的相互作用力叫做磁力。指南针就是利用这种性质制作的，因为地球本身就是个大磁体，地磁场的北极在地球南极附近，地磁场的南极在地球北极附近。

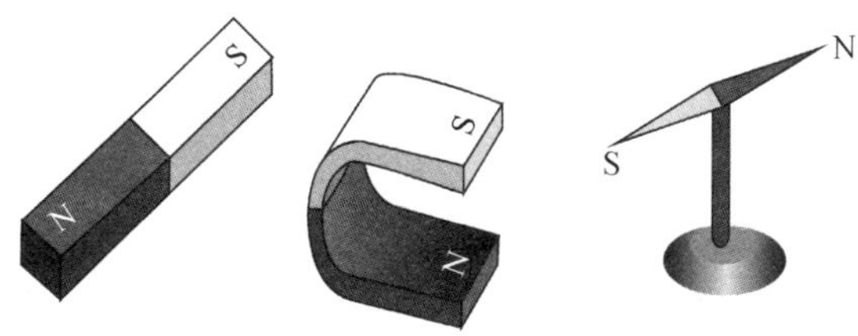

图 2-2　人造磁体

2. *磁场与磁感应线*

磁体周围存在磁力作用的空间，称为磁场。互不接触的磁体之间具有的相互作用力，就是通过磁场这一特殊物质进行传递的。

磁场和电场同样具有方向。在磁场中某一点放一个能自由转动的小磁针，静止时 N 极所指的方向，规定为该点的磁场方向。

当我们在玻璃板上均匀地撒上一层细铁屑，然后把一块蹄形磁铁放到玻璃板下，用力敲玻璃板，铁屑会呈一定的图案分布。根据分布情况得到：在 N 极和 S 极附近，铁屑分布密集，说明越接近磁极，磁场越强。

不同的磁铁吸引铁屑的能力不同，这是因为它们的磁场强度不同。为了说明磁场的存在，并描绘出磁场的强弱和方向，人们通常用一根根假想的磁感应线来表示，如图 2-3 所示。磁感应线具有以下特点：

1）磁感应线是互不交叉的闭合曲线：在磁体外部由 N 极指向 S 极，在磁体内部由 S 极指向 N 极。

2）磁感应线上任意一点的切线方向是该点的磁场方向，即小磁针 N 极的指向。

3）磁感应线越密，磁场越强；磁感应线越疏，磁场越弱。磁感应线均匀分布而又相互平行的区域称为均匀磁场，反之称为非均匀磁场。

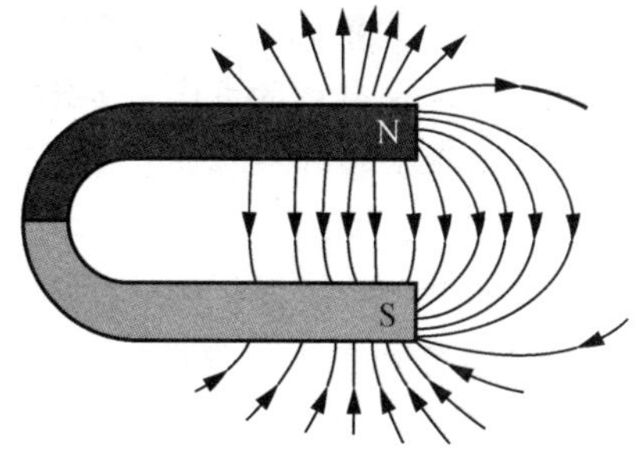

图 2-3　蹄形磁铁的磁感应线

说明：磁感应线是为方便研究问题而人为引入的假想曲线，实际上并不存在。

磁场的方向总是由N极指向S极吗？磁感应线的方向一定和磁场方向相同吗？

地 磁 场

指南针为什么总是指向南北方向呢？这是因为小磁针受到了磁场的作用，这个磁场就是地磁场。也就是说，地球周围存在着磁场——地磁场。在地球表面及空中的不同位置测量地磁场的方向，绘制出地磁场的磁感应线，如图2-4所示。我们发现地磁场的形状跟条形磁体的磁场很相似。

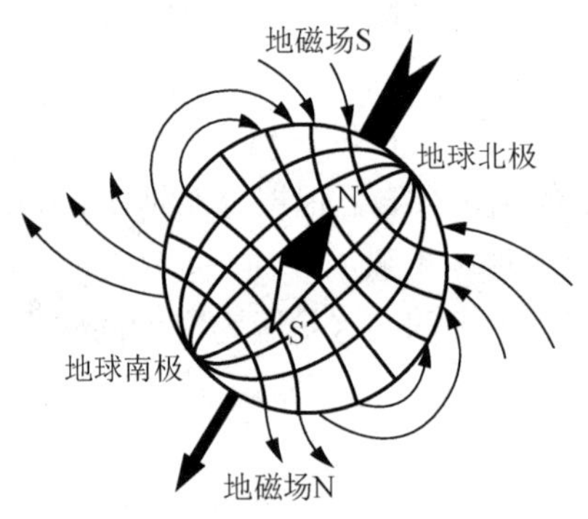

图2-4 地磁场

信鸽具有卓越的航行本领，它能从2000 km以外的地方飞回来。如果我们把一块小磁铁绑在鸽子身上，它就会惊慌失措，立即失去定向的能力；而把铜棒绑在鸽子身上，却对它没有影响。当鸽子飞到强大的无线电发射台附近时，鸽子也会失去定向的能力。这些事实充分地说明了，鸽子是靠地磁场来导航的。

海里的鱼类也可以利用地磁场定位自己的方向，鱼比鸟的迁徙能力更为奇特。海水是导电的，当它在地球的磁场中流动的时候就会产生电流。于是，鱼便利用这个电流信号，敏感地校正自己的航行方向。

虽然人们已经知道鸟类、鱼类等动物能够利用地磁场导航，但是还没有弄清楚这个“导航系统”究竟是怎样工作的，特别是迄今为止还没有从这些动物身上找到与“罗盘”的作用相似的器官。

2.1.2　电流的磁场

1. 电流的磁效应

丹麦物理学家奥斯特从实验中发现，当导线通入电流时，平行放在导线旁边的磁针会受到力的作用而偏转，如图 2-5 所示。这表明通电导线的周围存在着磁场，说明电与磁是有密切联系的。

如图 2-6 所示，给导体通、断电，然后改变导体中电流的方向，观察结果，可以得到如下结论：电流的周围存在磁场，磁场的方向跟电流的方向有关。这种现象称为电流的磁效应。电流的磁效应揭示了磁现象的电本质。

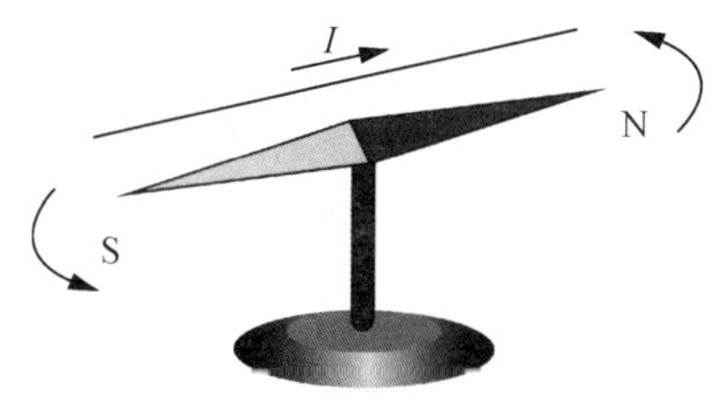

图 2-5　电流与磁场

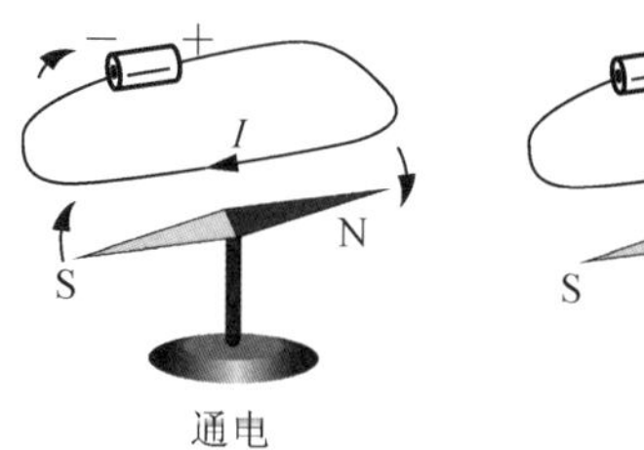

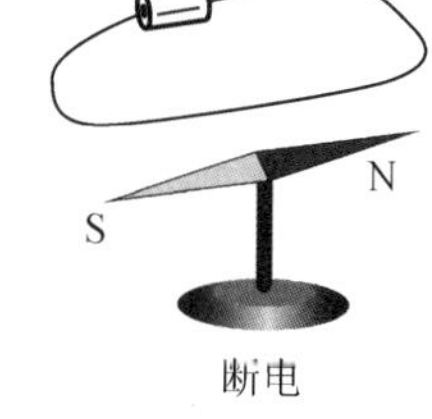

图 2-6　电流的磁效应

实验说明，不仅磁铁能产生磁场，电流也能产生磁场。电流所产生磁场的方向可用安培定则（也称右手螺旋定则）来判断，安培定则既适用于判断电流产生的磁场方向，也可根据已知磁场方向判断电流的方向。

2. 磁场

我们研究通电导体的磁场，通常选择两类比较典型的通电导体，即通电直导线和通电螺线管。

（1）通电直导线周围的磁场

通电直导线周围磁场的磁感应线是一些以导线上各点为圆心的同心圆，这些同心圆都在与导线垂直的平面上，如图 2-7 所示。

实验表明，改变电流的方向，各点的磁场方向都随之改变。通电直导线的磁场强度随电流增大而增大。

磁感应线的方向与电流方向之间的关系可用安培定则来判断，如图 2-8 所示，用右手握住通电直导线，让拇指指向电流方向，则弯曲的四指环绕的方向就是磁感应线的方向。

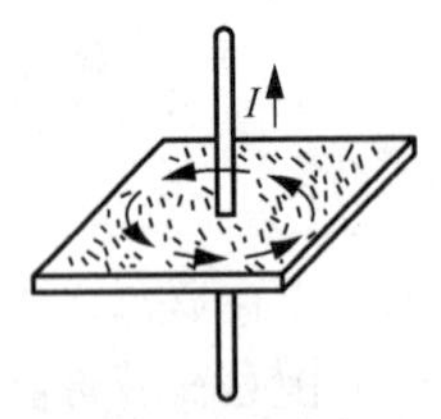

图 2-7 通电直导线磁场

图 2-8 通电直导线磁场方向

（2）通电螺线管的磁场

实验表明，通电螺线管表现出来的磁性类似条形磁铁，一端相当于 N 极，另一端相当于 S 极，如图 2-9 所示。

如果改变电流方向，它的 N 极、S 极随之改变。通电螺线管的磁感应线是一些穿过线圈横截面的闭合曲线，其方向与电流方向之间的关系也可以用安培定则来判定。如图 2-10 所示，用右手握住通电螺线管，弯曲的四指指向线圈电流方向，则拇指所指方向就是螺线管内的磁场方向。

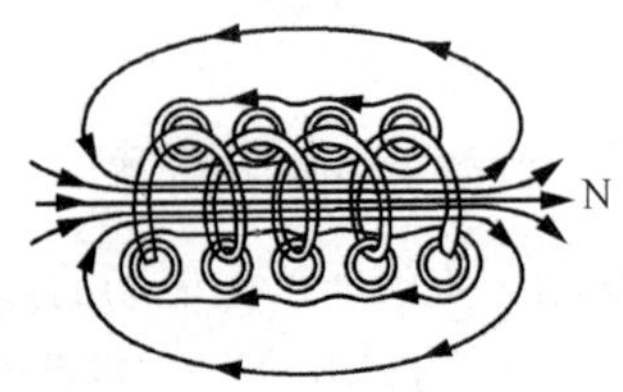

图 2-9 通电螺线管的磁场

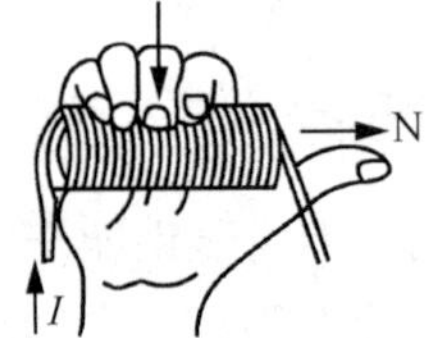

图 2-10 通电螺线管磁场方向

螺线管内的磁场有下列特性：

1）电流越大，通电螺线管的磁性就越强。

2）当电流一定时，通电螺线管的线圈匝数越多，磁性越强。

3）通电螺线管内放入铁心时，磁性会增强。

磁现象的本质是电。通电导体周围存在着磁场，说明磁场是由电荷运动产生的，与此相同，磁铁的磁场也是由于磁铁内部的电荷运动产生的。

法国科学家安培提出了著名的分子电流假说：在原子、分子等物质微粒内部存在着一种环形电流，叫做分子环流。分子环流使每一个物质微粒都成为一个很小的磁体。分子电流假说揭示了磁现象的电本质，即磁铁的磁场和电流的磁场一样，都是由电荷运动产生的。

2.1.3 磁场的基本物理量

我们通常用磁通（Φ）和磁感应强度（B）来表达磁场的强弱。

1. 磁通 Φ

磁场的强弱、磁场在空间的分布情况可以用磁感应线的多少和疏密程度来形象描述，但它只能定性分析。为了定量描述磁场在一定面积上的分布情况，物理上引入了磁通这一物理量。

通过与磁场方向垂直的某一面积上的磁感应线的总数，叫做通过该面积的磁通量，简称磁通，用字母 Φ 表示。它的单位是韦伯，简称韦，用符号 Wb 表示。

当面积一定时，通过该面积的磁通越大，磁场就越强。例如，变压器、电磁铁选用铁心材料，就是希望其通电线圈产生的全部磁感应线尽可能多地通过铁心的截面，以提高效率。

2. 磁感应强度 B

在磁场中放入一小段通电导体，通电导体就会受到力的作用。一定电流的导体在不同的磁场中受到的力不同，受到的力大，说明该磁场磁性越强，反之说明受到的磁性越弱，如图 2-11 所示。

磁感应强度的定义：在磁场中垂直于磁场方向的通电导线，所受电磁力 F 与电流 I 和导线有效长度 L 的乘积的比值即为该处的磁感应强度，用字母 B 来表示，即

$$B=\frac{F}{IL}$$

磁感应强度的单位是特斯拉，简称特，用符号 T 表示。

通电直导体的受力方向、导体中的电流方向及磁场方向满足左手定则，如图 2-12 所示。伸开左手，大拇指与其他四指垂直且在一个平面内，让磁感应线垂直穿过手心，四指指向电流方向，则大拇指所指的方向为导体的受力方向。

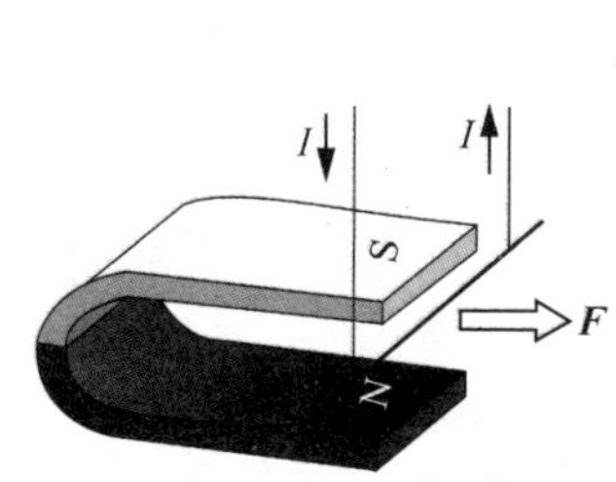

图 2-11　通电导体受电磁力的作用

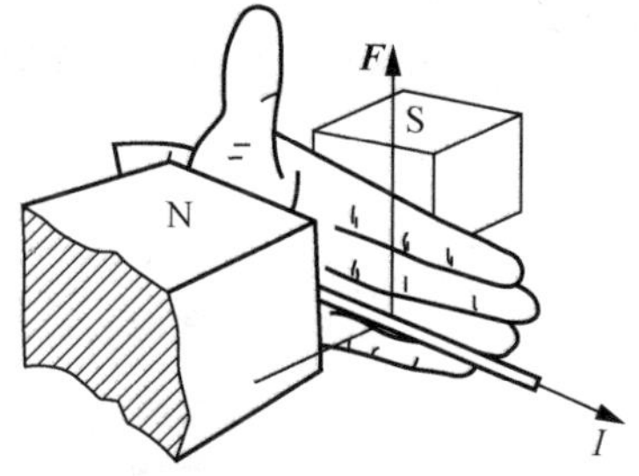

图 2-12　左手定则

在磁感应强度为 B 的均匀磁场中，有一个与磁场方向垂直的平面，其面积为 S（单位为 m^2），则 B 与 S 的乘积为穿过这个面积的磁通量 Φ，即

$$\Phi=BS$$

由$\Phi=BS$，可得到 $B=\Phi/S$，这表示磁感应强度等于穿过单位面积的磁通，所以磁感应强度又称磁通密度，单位为 Wb/m^2。

工程中常用到一个较小的单位 Gs（高斯）来表示磁感应强度。

$$1Gs=10^{-4}T$$

磁感应强度是一个矢量，它的方向是该点磁场的方向。实际中，磁感应强度的大小可以用特斯拉计进行测量。

若磁场中各点的磁感应强度的大小相等、方向相同，则该磁场叫做均匀磁场。在均匀磁场中，磁感应线是等距离的平行直线。以后若不加说明，均为在均匀磁场范围内讨论问题，并且用符号“⊗”和“⊙”分别表示磁感应线垂直穿进和穿出纸面的方向。

磁悬浮列车

磁悬浮列车运行的阻力有一大部分来自车轮与轨道之间的摩擦力。如果能使列车从铁轨上“浮”起来，就可以避免这种摩擦力，从而大幅度提高列车速度。

磁悬浮列车的基本原理是磁极的同性相斥和异性相吸原理（图 2-13），车身和路面都装有电磁铁，其中，车身磁场和路面磁场产生浮力，使列车悬浮［图 2-13（b）］，车身磁场和推进磁场产生直线作用力，使列车前进［图 2-13（c）］。

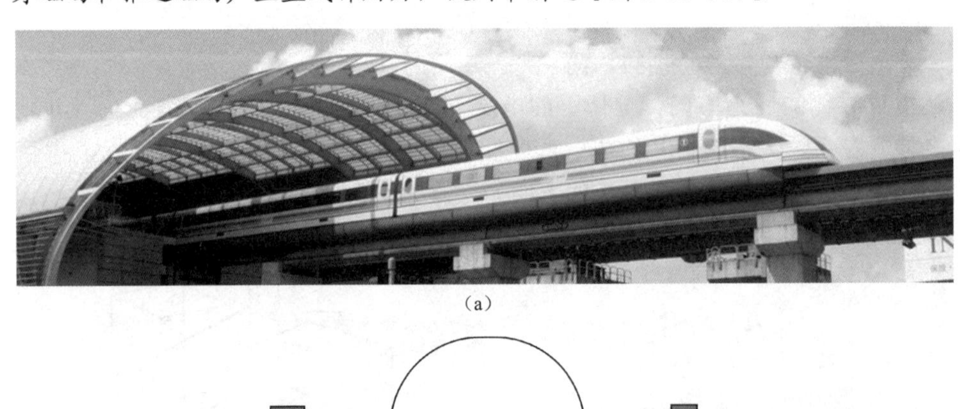

（a）

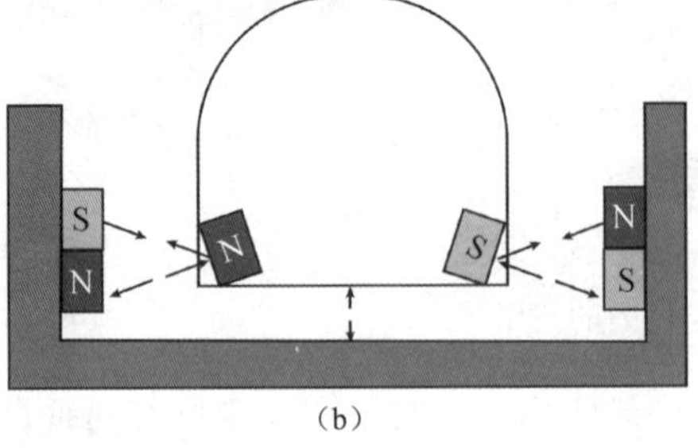

（b）

图 2-13 磁悬浮列车的基本原理

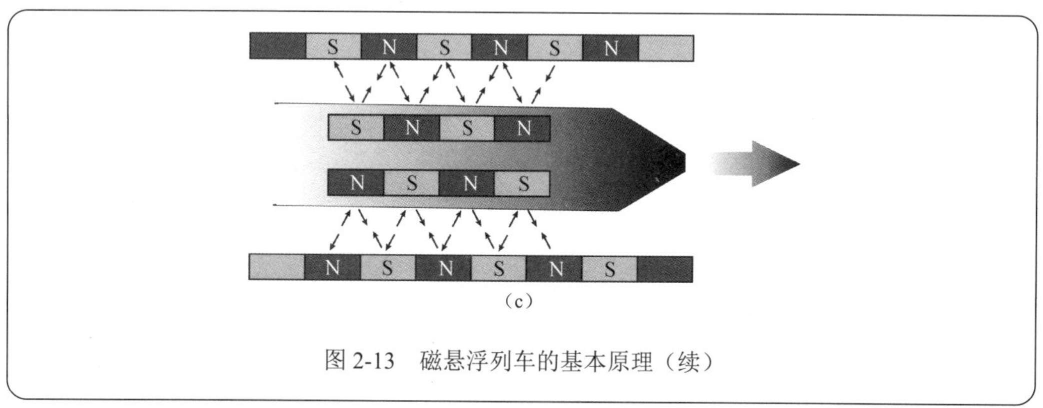

图 2-13 磁悬浮列车的基本原理（续）

2.1.4 磁场对电流的作用

1. 磁场对通电直导体的作用

通电导体会受到磁场的作用力，通常把这种力称做电磁力，也称安培力，那么磁场对通电导体的作用力情况如何呢？

如图 2-14 所示，在蹄形磁铁的两极中放置一根直导线并使导线与磁感应线垂直。

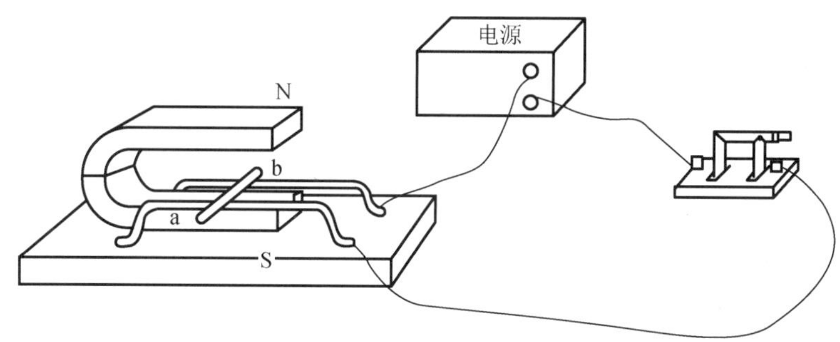

图 2-14 磁场对通电直导体的作用

1）当接通电源让电流通过导线时，可以观察到导体会向某一方向运动。

2）如果把电源的正负极对调后接入电路，使通过导体的电流方向与原来相反，则可以观察到导体向相反的方向运动。

3）如果保持导体中电流的方向不变，但把蹄形磁铁上下磁极调换一下，使磁场方向与原来相反，则可以观察到导体会向和原来运动方向相反的方向运动。

可见，磁体对通电直导体有力的作用，电磁力的方向与导体中电流的方向、磁场的方向有关。其受力方向可用左手定则判断。

试一试

判断图 2-15 中通电直导体在磁场中的受力方向。

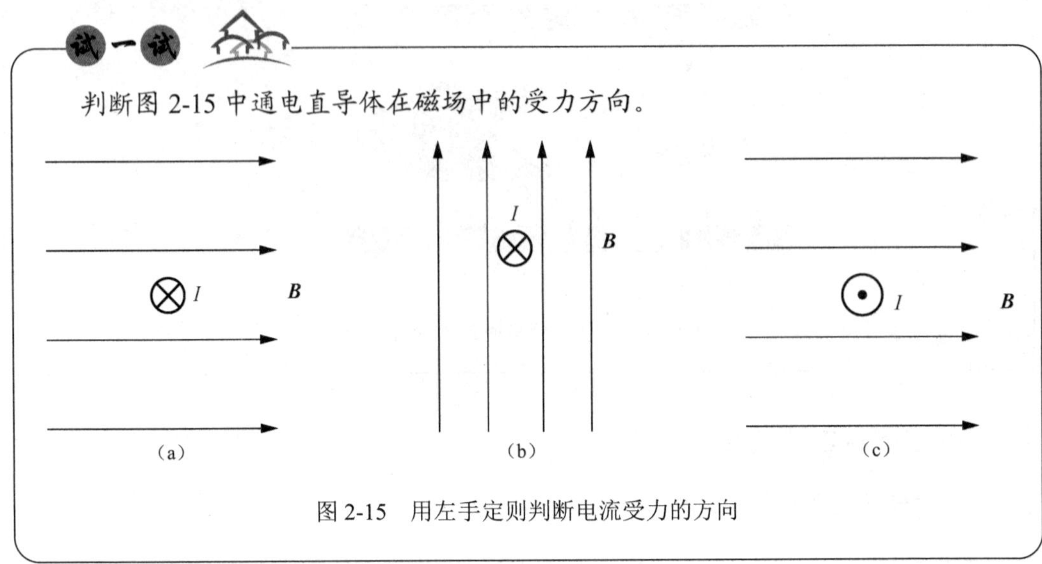

图 2-15 用左手定则判断电流受力的方向

通电导体受到磁场力的作用而运动的现象叫做电磁生力。电磁力随着磁场强度的增大和导体中电流的增加而增大，并且导体在磁场内的有效部分越长，导体所受的磁场力也就越大。

电磁力的大小可用下式表示：

$$F=BIL\sin\alpha$$

式中 F——通电导体受到的电磁力，N；

B——磁感应强度，T；

I——导体中的电流强度，A；

L——导体在磁场中的长度，m；

α——电流方向与磁感应线的夹角。

从 $F=BIL\sin\alpha$ 可以看出，当电流 I 的方向与磁感应强度 B 垂直时，导线所受电磁力最大；当电流 I 的方向与磁感应强度 B 方向平行时，导线不受电磁力作用。

通电直导体周围也会产生磁场，那么两条通电直导线之间会产生怎样的磁场力呢？下面我们研究两条相距较近且相互平行的通电直导体之间的电磁力情况。如图 2-16 所示，由于每根载流导线的周围均产生磁场，因此每根导线都处在另一根导线所产生的磁场中，即两根导线都受到电磁力的作用。我们可以用安培定则来判断每根导线产生的磁场方向，再用左手定则来判断另一根导线所受的电磁力方向。得出结论：通过反方向电流的平行导线是互相排斥的［图 2-16（a)］，通过同方向电流的平行导线是互相吸引的［图 2-16（b)］。

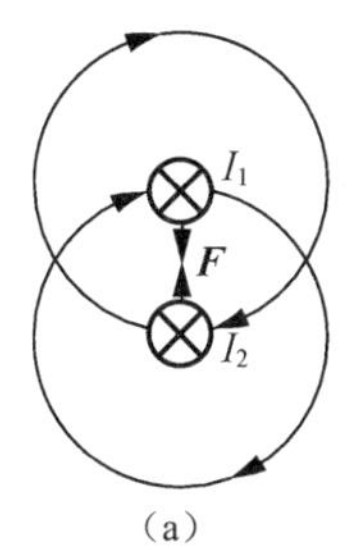

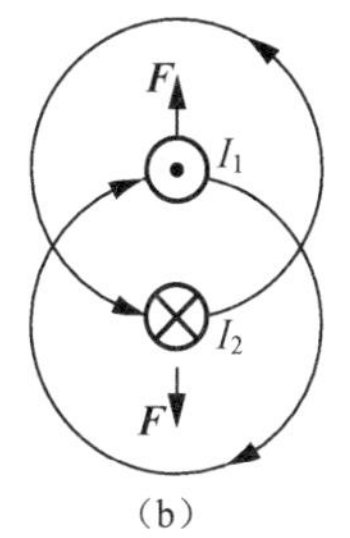

图 2-16　通电直导体之间的作用力

2. 磁场对通电线圈的作用

下面把通电线圈看成由许多根导线组成，研究通电线圈的运动。

如图 2-17 所示，把线圈放在磁场中，接通电源，让电流通过，观察其运动状态。

按通电直导线受力情况，可以看出线圈左边部分受力垂直向外，线圈右边部分受力垂直向里。在这个力的作用下，线圈绕轴转动起来，转动过程中，随着线圈平面与磁感应线之间夹角的改变，力臂在改变，磁力矩也在改变。当线圈平面与磁感应线平行时，力臂最大，线圈受磁力矩最大；当线圈平面与磁感应线垂直时，力臂为零，线圈受磁力矩也为零。

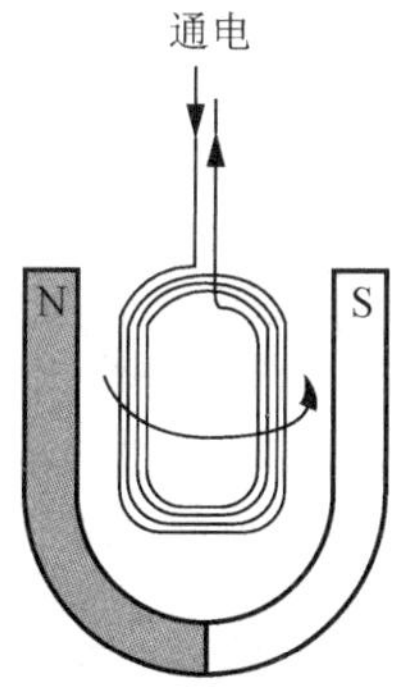

图 2-17　磁场对通电线圈的作用

常用的电工仪表（如电流表、电压表、万用表等）指针的偏转，就是根据这一原理制成的。

电动机的基本原理

观察电动机，如图 2-18 所示，可以看到它由两部分组成：能够转动的线圈和固定不动的磁体。

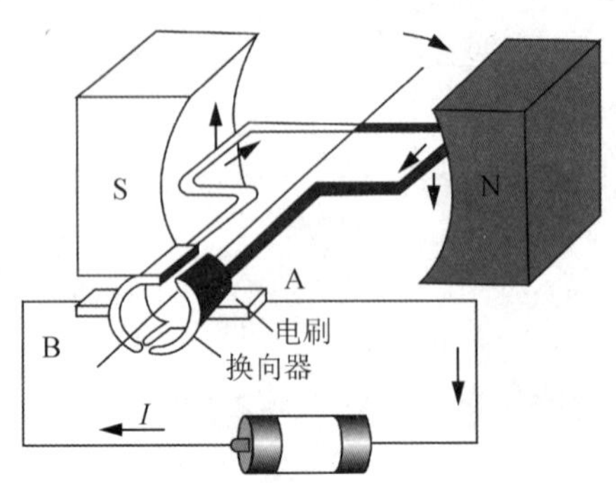

图 2-18 直流电动机原理

在电动机中，能够转动的部分叫做转子，固定不动的部分叫做定子。电动机工作时，转子在定子中飞快地转动。

为了研究直流电动机的实际工作情况，使线圈位于磁体两磁极间的磁场中，研究线圈在不同位置的受力情况，如图 2-19 所示。

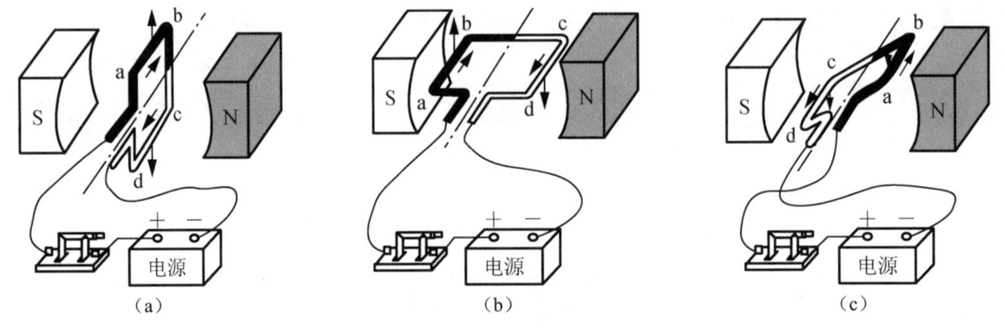

图 2-19 直流电动机磁场对线圈的作用

1）使线圈静止在图 2-19（a）所示位置，闭合开关，发现线圈并没有运动。这是由于线圈上下两个边的受力大小一样，方向却相反。这个位置是线圈的平衡位置。

2）使线圈静止在图 2-19（b）所示位置，闭合开关，线圈受力沿顺时针方向转动。

3）使线圈静止在图 2-19（c）所示位置，闭合开关，线圈受力沿逆时针方向转动。

说明：直流电动机中的线圈通电后，受力转动到图 2-19（b）所示位置，靠惯性越过平衡位置到图 2-19（c）所示位置后，所受力是阻碍它转动的，所以它不能继续转下去。最后返回平衡位置。

实际的直流电动机为了让它持续向同一方向转动是通过换向器来实现的。

换向器的构造如图 2-18 所示，两个铜半环跟线圈两端相连，它们彼此绝缘，并随线圈一起转动。A 和 B 是两个电刷，和电源连接，同时它们跟铜半环接触，使电源和线圈组成闭合电路。这样，当线圈转过平衡位置时，通过换向器正好让线圈中的电流改变方向，从而保持了线圈的受力方向总是同一个方向，线圈就可以不停地转动。

实际的直流电动机有多个线圈，每个线圈都接在一对换向片上。有的直流电动机还用电磁铁来产生强磁场。

课堂检测

一、填空题

1．凡是能够吸引________等物质的性质称为磁性，具有磁性的物体叫做________。

2．磁极间具有相互作用力，即同极性相互________，异极性相互________。

3．磁感应线是一组________的闭合曲线，在磁体外部由________极指向________极，在磁体内部由________极指向________极。

4．小磁针在磁场中某一点静止时，________极所指的方向就是该点的磁场方向。

5．用________定则来判断载流螺线管产生的磁场，判断方法是：用________握住通电螺线管，弯曲的四指指向________方向，则拇指指向就是螺线管内部的磁感应线方向。

6．通电线圈产生的磁场方向，不但与________有关，而且与________有关。

7．描述磁场中各点磁场强弱和方向的物理量称为________，用符号________表示，单位为________；描述磁场在空间某一范围内分布情况的物理量称为________，用符号________表示，单位为________。

8．磁感应强度是________量，它的方向是该点的________的方向。在同一磁场的磁感应线分布图上，磁感应线越密，磁感应强度越________，磁场越________。

9．在均匀磁场中，磁感应强度等于穿过单位面积的________，用公式________表示，所以磁感应强度又称________。

10．通常把通电导体在磁场中受到的力称为________，也称________，通电直导体在磁场内的受力方向可用________定则来判断。

11．把一段通电导线放入磁场中，当电流方向与磁感应强度方向________时，导线所受电磁力最大；当电流方向与磁感应强度方向________时，导线所受电磁力最小。

12．两条相距较远且相互平行的直导线，当通以相同方向的电流时，它们________；当通以相反方向的电流时，它们________。

二、判断题

1. 磁体具有两个磁极，一个是N极，另一个是S极，若把磁体断成两段，则一段为N极，另一段为S极。（　　）

2. 地球是一个大磁体，地球的北极附近是地磁体的N极。（　　）

3. 磁感应线是一系列假想的有向曲线，它始于N极，终于S极。（　　）

4. 电流和磁场是密不可分的，磁场总是伴随着电流而存在，而电流永远被磁场所包围。（　　）

5. 电流与磁场的方向关系可用安培定则来判断。（　　）

6. 载流螺线管相当于一根条形磁铁，所以在螺线管两端形成N极和S极，管内的磁感应线从S极指向N极。（　　）

三、选择题

1. 磁铁中，磁性最强的部位在（　　）。
   A. 中间　　B. 两极　　C. 中间与两极之间　　D. 任意位置

2. 磁感应线上任一点的（　　）方向，就是该点的磁场方向。
   A. 切线　　B. 直线　　C. 曲线　　D. 法线

3. 磁感应线的疏密程度反映磁场的强弱，越密的地方表示磁场（　　）。
   A. 越强　　B. 越弱　　C. 越均匀　　D. 越不均匀

4. 在均匀磁场中，原来载流导体所受磁场力大小为F，若电流强度增加到原来的2倍，而导线的长度减小一半，则载流导线所受的磁场力大小为（　　）。
   A. $2F$　　B. F　　C. $F/2$　　D. $4F$

5. 通电直导体周围磁场的强弱与（　　）有关。
   A. 导体长度　　B. 导体位置　　C. 导体截面　　D. 电流大小

四、综合分析题

1. 判断图2-20中电流磁场的方向。

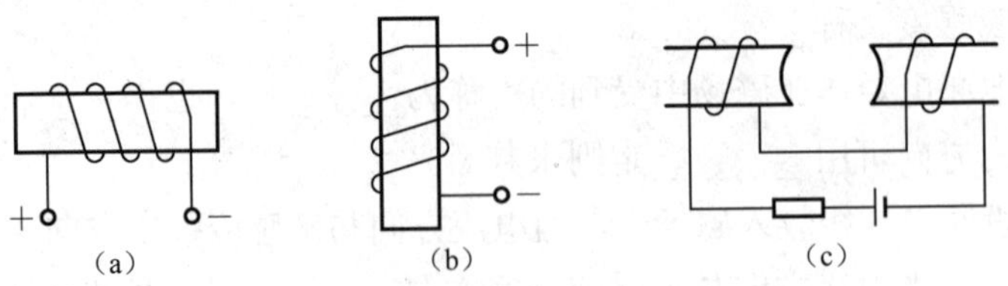

图2-20　综合分析题1图

2. 标出图2-21中电源的正极和负极。

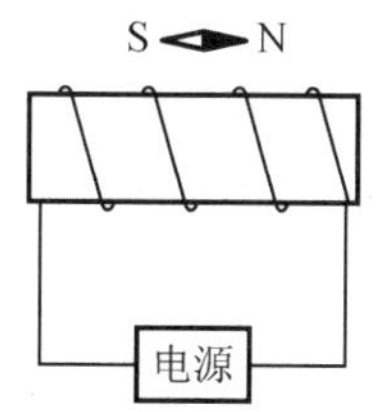

图 2-21　综合分析题 2 图

3．标出图 2-22 中导体所受电磁力的方向。

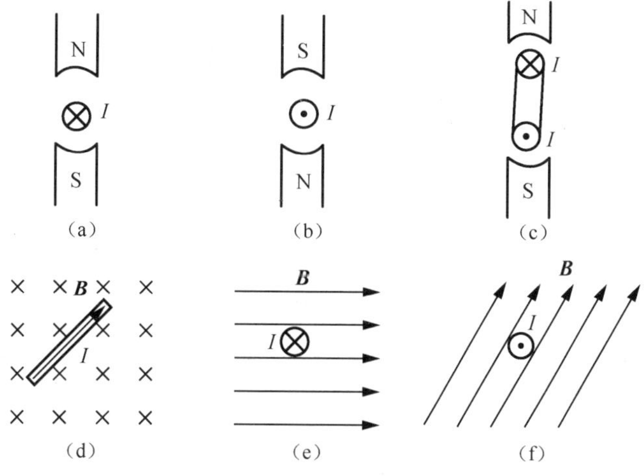

图 2-22　综合分析题 3 图

2.2 电磁感应

通过对电流的磁效应研究发现电流可以产生磁场，那么反过来磁能否产生电呢？

丹麦物理学家奥斯特发现了电流的磁效应后，人们就一直在研究磁能否产生电的问题，直到 1831 年，英国科学家法拉第终于发现了磁能够转换为电能的规律——电磁感应定律。这个发现使人类大规模用电成为可能，后来发明发电机，开辟了电气化时代。

2.2.1　产生电磁感应的条件

如图 2-23 所示，空心线圈两端连接一个灵敏检流计。当将一块条形磁铁快速插入线圈时，观察到检流计向一个方向偏转；如果条形磁铁在线圈内静止不动，则检流计指针不偏转；再将条形磁铁由线圈中迅速拔出时，又会观察到检流计向另一个方向偏转。

如图 2-24 所示，在蹄形磁铁的磁场中放置一根导线，导线的两端跟电流表连接。导线和电流表组成了闭合电路。当使导线垂直于磁感应线做切割磁感应线运动时，可以明显地观察到电流表指针偏转，这说明导体回路中有电流存在；另外，当使导线平行于磁感应线方向运动时，电流表指针不偏转，这说明导体回路中不产生电流。

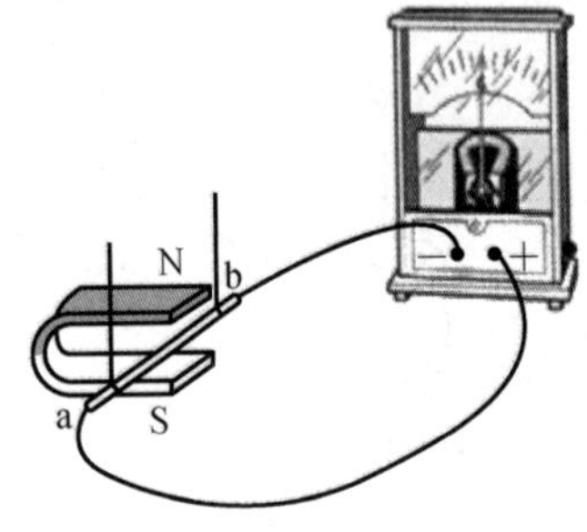

图 2-23 电磁感应实验

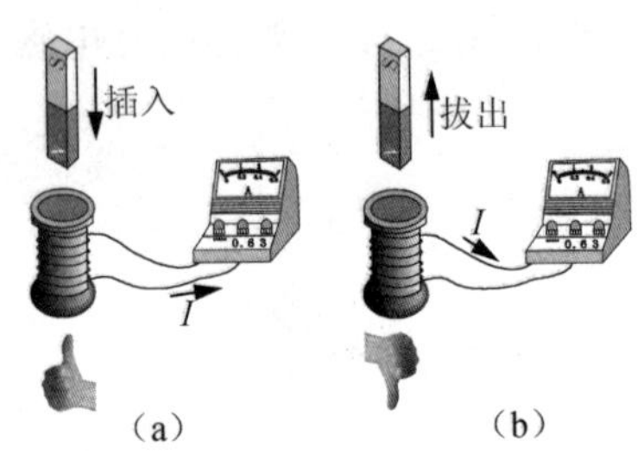

图 2-24 导体切割磁感应线产生电流

上述两个实验现象说明：当导线相对于磁场运动而切割磁感应线或者线圈中的磁通发生变化时，导体或线圈中都会产生感应电动势。若导体或线圈构成闭合回路，则导体或线圈中将有电流流过。上述两种实验现象只是表现形式不同，但它们的本质是相同的。如果把图 2-23 中的直导体回路看成一个单匝线圈，那么导体中的电流也是由于磁通的变化而引起的。我们把由于磁通变化而在导体或线圈中产生感应电动势的现象称为电磁感应。由电磁感应产生的电动势称为感应电动势，由感应电动势产生的电流称为感应电流。

由以上分析可以得出：产生电磁感应的条件是通过线圈回路的磁通必须发生变化。

2.2.2 电磁感应定律

1. 楞次定律

通过图 2-23 实验发现：当磁铁插入线圈时，原磁通在增加，线圈所产生的感应电流的磁场方向总是与原磁场方向相反，即感应电流的磁场总是阻碍原磁通的增加；当磁铁拔出线圈时，原磁通在减少，线圈所产生的感应电流的磁场方向总是与原磁场方向相同，即感应电流的磁场总是阻碍原磁通的减少。

因此，得出结论：当磁铁插入或拔出线圈时，线圈中感应电流所产生的磁场，总是阻碍原磁通的变化。这就是楞次定律。

用楞次定律可以判定线圈中感应电动势或感应电流的方向。

当穿过线圈的磁通（原磁通）变化时，感应电动势总是企图使它的感应电流产生的磁通阻止原磁通的变化。也就是说，当线圈中的原磁通增加时，感应电流就要产生与它方向相反的磁通去阻碍它的增加；当线圈中的原磁通减少时，感应电流就要产生与它方向相同的磁通去阻碍它的减少。如果线圈中的原磁通不变，则感应电流为零。

用楞次定律判定线圈中感应电动势或感应电流的方向，具体步骤如下：

01 判断原磁通的方向及其变化趋势（增加或减少）。

02 确定感应电流的磁通方向应和原磁通是同向还是反向。

03 根据感应电流产生的磁通方向，用安培定则确定感应电动势或感应电流的方向。

如果把线圈或直导体看成一个电源，则在线圈或直导体内部，感应电流从电源的“－”端流到“＋”端；在线圈或直导体外部，感应电流由电源的“＋”端经负载流回“－”端。在线圈或直导体内部，感应电流的方向和感应电动势的方向相同。

2. 法拉第电磁感应定律

在图 2-23 实验中，我们还可以发现：条形磁铁插入或拔出的速度越快，检流计偏转角度就越大，说明线圈中的感应电动势就越大；插入或拔出的速度越慢，检流计偏转角度就越小，说明线圈中的感应电动势就越小。

上述实验现象可以总结为：线圈中感应电动势的大小与通过同一线圈的磁通变化率（即变化快慢）成正比。这一规律就是法拉第电磁感应定律。

3. 右手定则

当闭合回路中一部分导体做切割磁感应线运动时，所产生的感应电流方向可用右手定则来判断。如图 2-25 所示，伸开右手，使拇指与四指垂直，并跟手掌在一个平面内，让磁感应线穿入手心，拇指指向导体运动方向，四指所指的方向即为感应电流的方向。

右手定则和楞次定律都可用来判断感应电流的方向，两种方法的本质是相同的，所得的结果也是一致的。

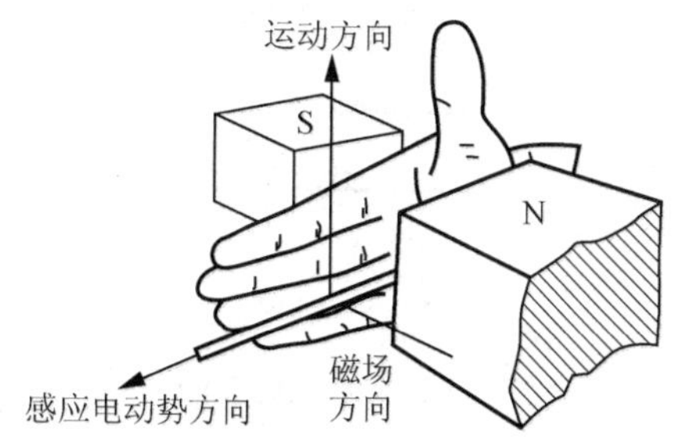

图 2-25　用右手定则判断感应电流

课堂检测

一、填空题

1．当直导体与磁场发生相对运动而切割磁感应线或线圈中磁通发生变化时，在导线或线圈中产生________的现象称为________。

2．感应电流产生的磁通总是阻碍________的变化，线圈中感应电动势的大小与________变化率成正比。

3．在电磁感应中，常用________定律来计算感应电动势的大小，用________定律来判断感应电动势的方向。

二、判断题

1．有电流必有磁场，有磁场必有电流。（　）

2．线圈中有感应电动势，不一定就有感应电流。（　）

3．楞次定律中"阻碍"的含义是指感应电流产生的磁场与线圈中原磁场方向相反。（　）

4．通过线圈中的磁通越大，产生的感应电动势就越大。（　）

5．电磁感应定律中的负号表示感应电动势的方向永远和磁通方向相反。

6．感应电流方向永远与感应电动势方向相同。（　）

7．感应电流永远与原电流方向相反。（　）

三、选择题

1．线圈中感应电动势的大小正比于（　）。

A．磁感应强度的大小　　B．磁通的变化量

C．磁通的变化率　　D．感应电流的大小

2．如图 2-26 所示，当条形磁铁由线圈中取出时，线圈中感应电流产生的磁通方向与磁铁的磁通方向（　）。

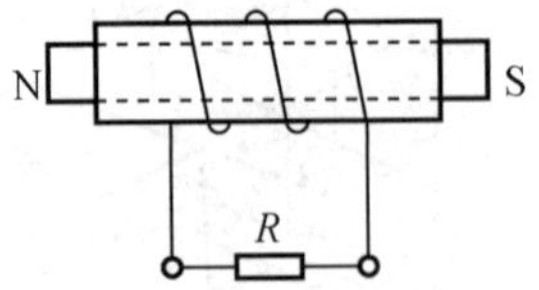

图 2-26　选择题 2 图

A．相同　　B．相反　　C．无关　　D．无法确定

3．运动导体在切割磁感应线而产生最大感应电动势时，导体与磁感应线的夹角应

是（　　）。

A．0°　　B．45°　　C．90°　　D．60°

4．当线圈中的磁通减小，感应电流产生的磁通方向（　　）。

A．与原磁通方向相反　　B．与原磁通方向相同

C．与原磁通方向无关　　D．无法确定

5．如图 2-27 所示，在一长直导线中通有电流 I，线框 abcd 在纸面内向右平移，线框内（　　）。

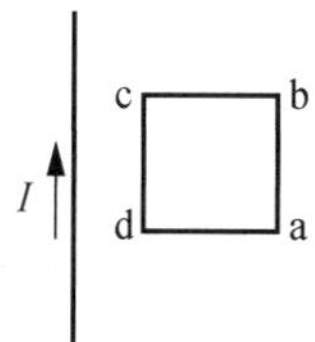

图 2-27　选择题 5 图

A．没有感应电流产生　　B．产生感应电流方向为 adcba

C．产生感应电流方向为 abcda　　D．无法确定

6．如图 2-28 所示，有两根导轨水平放置在磁场中，导体 AB 和 CD 可以在导轨上自由滑动。现用外力使 AB 向左运动，这时磁场对 AB 和 CD 的作用力方向分别是（　　）。

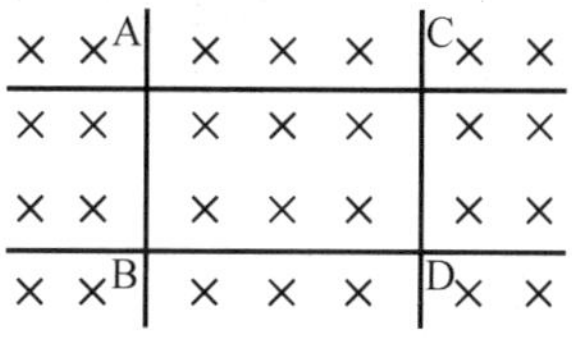

图 2-28　选择题 6 图

A．AB 向左，CD 向右　　B．AB 向右，CD 向左

C．AB 向左，CD 向左　　D．AB 向右，CD 向右

四、综合分析题

1．当条形磁铁按图 2-29 所示方向运动时，试标明线圈中产生感应电动势的极性。

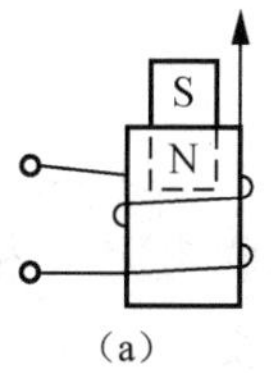

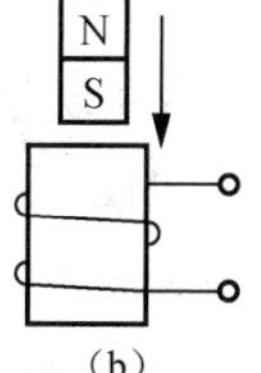

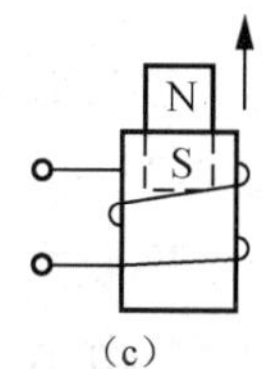

图 2-29　综合分析题 1 图

2．欲实现图 2-30 所示导体所产生的感应电动势方向，试将线圈连接到电源上。

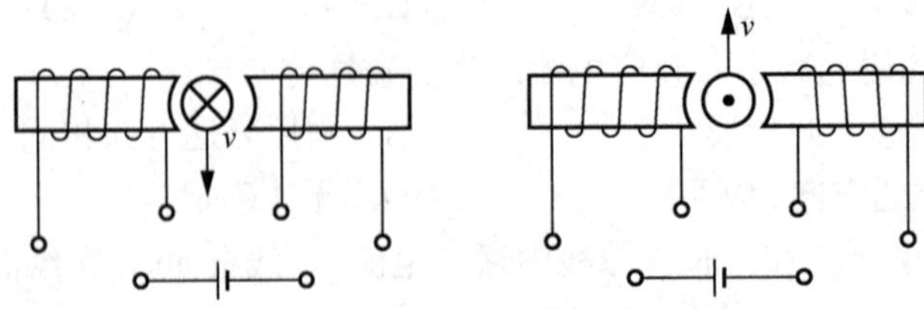

图 2-30　综合分析题 2 图

课后阅读

迈克尔·法拉第（1791～1867 年），英国著名物理学家、化学家，在化学、电化学、电磁学等领域都做出过杰出贡献，曾当过装订书籍的学徒，工余苦读。

在 1821～1831 年间，法拉第进行了一系列实验，发现了电磁感应现象。后来 J. C. 麦克斯韦在此基础上推导出一组方程，成为现代电磁理论的基础。

法拉第在 1860～1861 年间的演讲，由 W. 克鲁克斯汇集成科普读物，题为“蜡烛的故事”。

法拉第专心从事科学研究，许多大学欲赠其名誉学位，均遭婉拒，也谢绝封爵。

他家境贫寒，未受过系统的正规教育，但在众多领域中均做出惊人成就，堪称刻苦勤奋、探索真理、不计个人名利的典范，对于青少年富有教育意义。

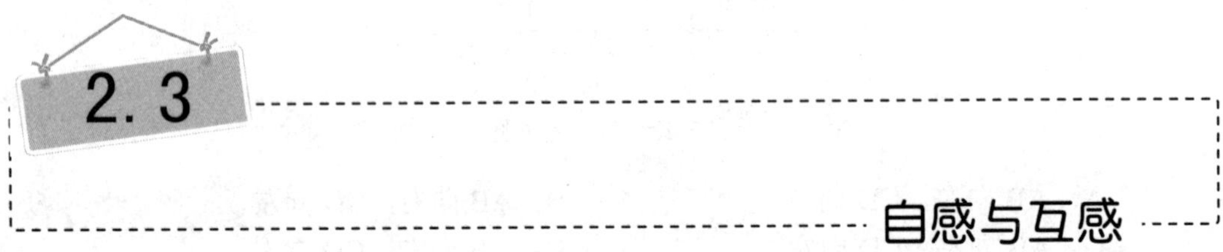

2.3 自感与互感

2.3.1 自感

1. 自感现象

通过图 2-31 所示的实验来观察两种自感现象。

在图 2-31（a）所示电路中，HL_1、HL_2 是两只完全相同的小灯泡，R 为电阻，L 是一个电感较大的铁心线圈，并且线圈的电阻和 HL_2 支路的串联电阻 R 相等。在图 2-31（b）所示电路中，线圈 L 和 HL 并联接在直流电源上，实验现象及结果如表 2-1 所示。

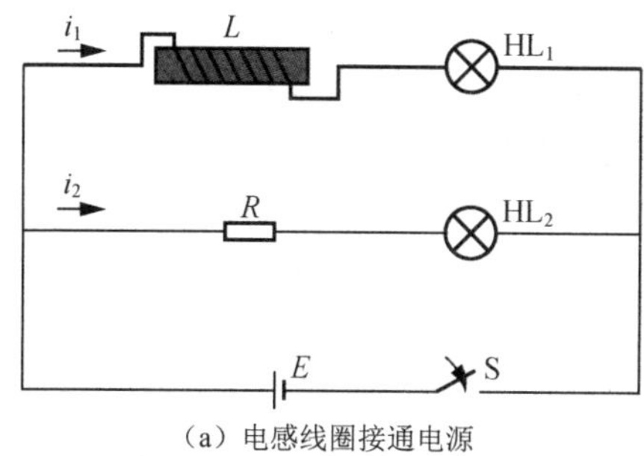

（a）电感线圈接通电源

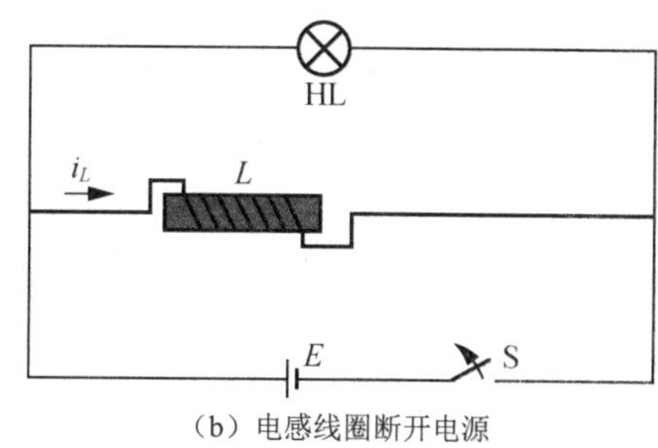

（b）电感线圈断开电源

图 2-31　自感实验电路

表 2-1　实验现象及结果

实验电路	开关状态	实验现象	实验结果
电感线圈接通电源电路	开关 S 闭合	HL_2 立即正常发光，此后灯的亮度不发生变化；HL_1 的亮度由暗逐渐变亮，然后正常发光	开关 S 闭合瞬间，通过线圈的电流发生了由无到有的变化，线圈中磁通呈增加的趋势，线圈中的感应电动势阻碍原电流的增加，因此 HL_1 发生逐渐变亮的现象。但 HL_2 支路因串联的是一线性电阻而不会发生上述过程，因而 HL_2 在接通电源后立即变亮
电感线圈断开电源电路	开关 S 突然断开	HL 并不是立即熄灭，而是猛然更亮一下，然后才熄灭	电源被切断瞬间，线圈产生一个很大的感应电动势，加在 HL 两端，在回路中形成很强的感应电流，使 HL 发出短暂的强光

上述两种现象虽然不同，但本质是相同的，都是由于线圈自身电流发生变化而引起的。我们把这种由于流过线圈本身的电流发生变化而产生电磁感应的现象称为自感现象，简称自感。在自感现象中产生的感应电动势，称为自感电动势，用 e_L 表示。自感电流用 i_L 表示。

2. 自感系数

线圈中通过每单位电流所产生的自感磁通数，称为自感系数，也称电感，用 L 表示。其数学表达式为

$$L=\frac{\Phi}{I}$$

式中　Φ——流过 N 匝线圈的电流 I 所产生的自感磁通，Wb；

I——流过线圈的电流，A；

L——电感，H。

电感是衡量线圈产生自感磁通本领大小的物理量。如果一个线圈中通过 1A 电流，能产生 1Wb 的自感磁通，则该线圈的电感就称为 1 亨利，简称亨，用符号 H 表示。常用的电感单位之间的换算关系如下：

$$1\mu H=10^{-3}mH=10^{-6}H$$

电感 L 的大小不但与线圈的匝数及几何形状有关（一般情况下，匝数越多，L 越大），而且与线圈中介质的磁导率有密切关系。对于有铁心的线圈，L 不是常数；对于空心线圈，当其结构一定时，L 是常数；有铁心的线圈比空心线圈的电感大得多。我们把 L 为常数的线圈称为线性电感，把线圈称为电感线圈，也称电感器或电感。

3. 自感电动势

自感现象是电磁感应的一种特殊情况，它必然也遵从法拉第电磁感应定律。对于一个 N 匝的空心线圈而言，当忽略其绕线电阻时，可视其为线性电感，根据电磁感应定律，其感应电动势 e_L 的大小为

$$e_L=L\frac{\Delta i}{\Delta t}$$

式中 L——线圈的电感量，H；

$\frac{\Delta i}{\Delta t}$——电流对时间的变化率，A/s。

上式就是线圈自感电动势与线圈中电流的关系式。它表明，线圈的自感电动势 e_L 与线圈的电感 L 和线圈中电流的变化率$\Delta i/\Delta t$ 的乘积成正比。当线圈的电感量一定时，线圈的电流变化越快，自感电动势越大；线圈的电流变化越慢，自感电动势越小；线圈的电流不变，则没有自感电动势。反之，在电流变化率一定的情况下，线圈的电感量 L 越大，自感电动势就越大；线圈的电感量 L 越小，自感电动势就越小。所以电感量 L 反映了线圈产生自感电动势的能力。

自感电动势的方向可以根据楞次定律来判断。自感电动势的方向总是和原电流变化的趋势（增大或减小）相反。

应该注意的是，在判断自感电动势的方向时要把产生自感电动势的线圈看成感应电源。

4. 自感现象的应用

自感现象在各种电气设备和无线电技术中有着广泛的应用。日光灯的镇流器就是利用线圈自感的一个例子。

日光灯采用普通的照明电源（交流 220 V），但它的工作电压低于电源电压，而点燃电压又高于电源电压。如图 2-32 所示，将镇流器（一个带铁心的线圈）与日光灯串联，在辉光启动器（简称启辉器）断电的瞬间，镇流器产生一个很高的自感电动势，与电源电压一起加在日光灯的两端，使灯管内气体导通而发光。日光灯点燃后正常工作时，镇流器又起到分压的作用，使灯管的工作电压低于电源电压。

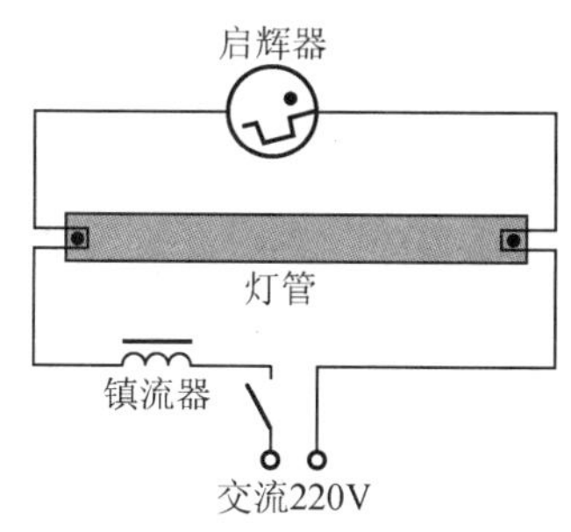

图 2-32　自感实验电路

当然，自感现象也有不利的一面。在自感系数很大而电流又很大的电路中，在切断电源瞬间，由于电流在很短的时间内发生了很大变化，会产生很高的自感电动势，在断开处形成电弧，这不仅会烧坏开关，甚至会危及工作人员的安全。因此，切断这类电源必须采用特制的安全开关。

涡　　流

在具有铁心的线圈中通入交流电时，就有交变的磁场穿过铁心，在铁心内部必然会形成感应电流。由于这种电流在铁心中自成闭合回路，形如旋涡，故称涡流（图 2-33）。

在工业生产中可以利用涡流产生高温使金属熔化，这种无接触加热的冶炼方法不仅效率高、速度快，而且可以避免金属在高温下氧化。利用涡流加热的设备称为高频感应炉（图 2-34），它的主要结构是一个与大功率的高频交流电源相接的线圈，被加热的金属放在线圈中间的坩埚内，当线圈中通以强大的高频电流时，产生的交变磁场能使坩埚内金属中产生强大的涡流，发出大量的热，使金属熔化。

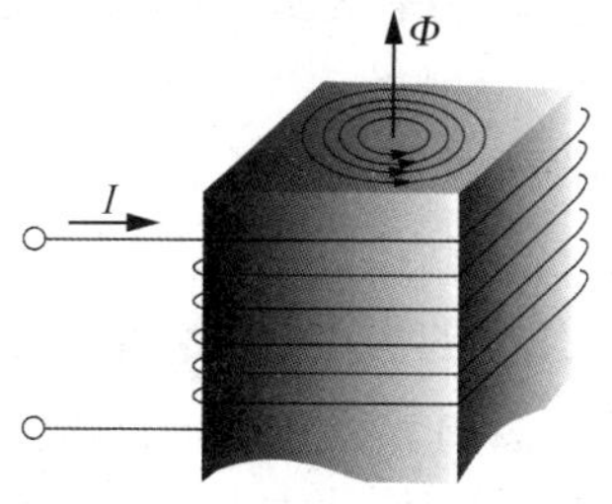

图 2-33　涡流（涡流方向按 Φ 增加时画出）

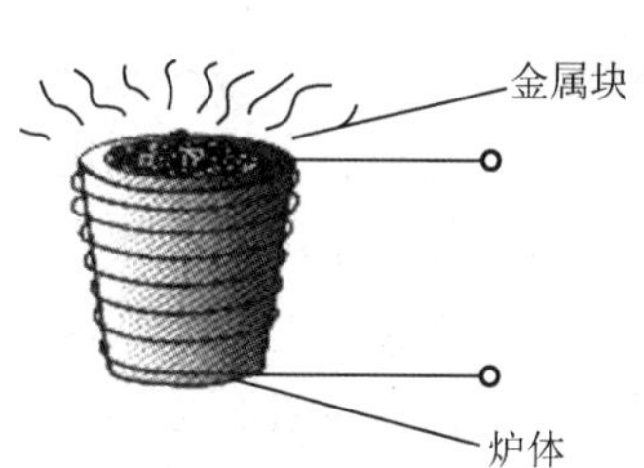

图 2-34　高频感应炉

家用电磁炉也是利用涡流加热原理工作的（图 2-35），当加热线圈中通入频率很高的交变电流时，就会产生交变磁场，磁感应线穿过金属材料制成的锅底产生感应电流（涡流），于是锅就被加热了。

涡流的热效应在电动机和变压器等设备中是有害的，它会使铁心发热，造成涡流损耗。另外，涡流还有去磁作用，会削弱原磁场。为了减小涡流损耗，变压器铁心常由多层组成（图 2-36），并用薄层绝缘材料将各层隔开，这样涡流就被限制在狭窄的薄片之内，回路的电流很大，涡流大为减弱，从而使涡流损失大大降低。铁心采用硅钢片，可以进一步减少涡流损失。硅钢片的涡流损失只有普通钢片的 1/5～1/4。

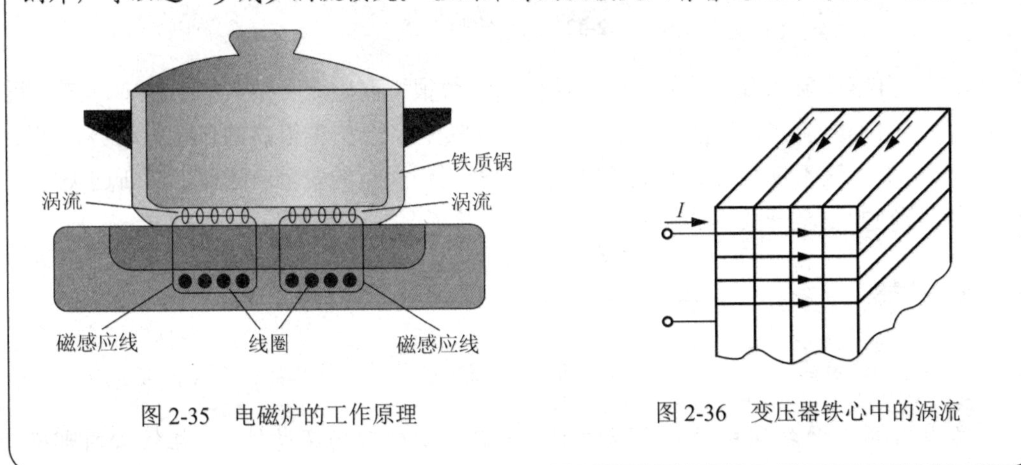

图 2-35　电磁炉的工作原理

图 2-36　变压器铁心中的涡流

2.3.2　互感

1. 互感现象

互感现象是电磁感应的一种形式，为说明这一现象，我们先观察下面这个实验。

在图 2-37 所示的实验电路中，当电阻的阻值发生变化时，检流计的指针会发生偏转。这是由于线圈 1 中的电流发生了变化，从而引起磁通的变化，该磁通的变化又影响线圈 2，使线圈 2 中产生了感应电动势和感应电流。如果线圈 1 中的电流不改变，则线圈 2 中不会产生感应电动势和感应电流。

我们把这种由于一个线圈的电流变化，导致另一个线圈产生感应电动势的现象，称为互感现象，简称互感。在互感现象中产生的感应电动势，叫做互感电动势。

互感电动势的大小不仅与线圈 1 中的电流变化率的大小有关，而且与两个线圈的结构及线圈之间的相对位置有关。当两个线圈互相平行且第一个线圈的磁通变化全部影响第二个线圈时，互感电动势最大；当两个线圈互相垂直时，互感电动势最小。

互感现象在电工和电子技术中应用非常广泛。例如，电源变压器、电流互感器、电压互感器和中频变压器等都是根据互感原理工作的。

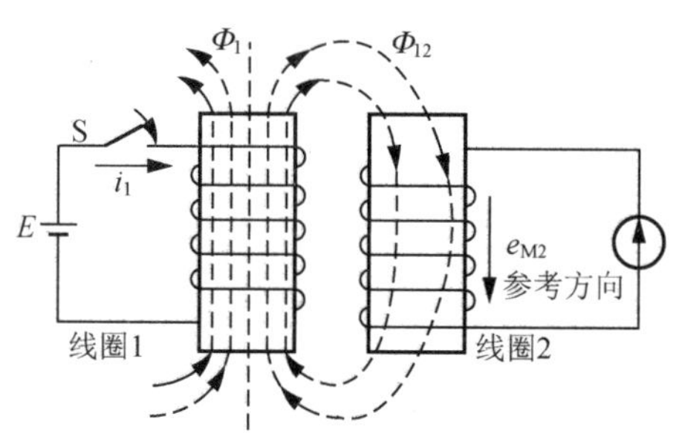

图 2-37　互感现象

2. 同名端

互感电动势的方向可用楞次定律来判断，但比较复杂。尤其是对于已经制造好的互感器，从外观上无法知道线圈的绕向，判断互感电动势的方向就更加困难。

根据同名端利用电流方向和电流变化趋势，很容易判断互感电动势的方向。我们把由于绕向一致而产生感应电动势的极性始终保持一致的端子叫做线圈的同名端，用“•”或“*”表示，如图 2-38 中 1、4、5 是一组同名端。

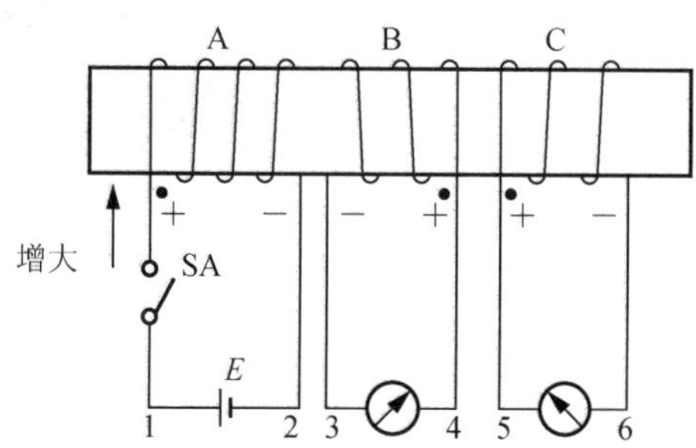

图 2-38　互感线圈的同名端

下面分析图 2-38 所示电路在合上开关 SA 瞬间各线圈感应电动势的极性。

SA 合上瞬间，A 线圈有一电流从 1 号端子流进线圈，并且电流在增大，根据楞次定律在 A 线圈两端产生自感电动势 e_L，极性为左“+”右“−”。在 B、C 线圈两端产生互感电动势 e_{MB} 及 e_{MC}，利用同名端可确定 e_{MB} 极性为左“−”右“+”，e_{MC} 极性为左“+”右“−”。

和自感一样，互感也有利有弊。在工农业生产中具有广泛用途的各种变压器、电动机都是利用互感原理工作的；但在电子电路中，若线圈的位置安放不当，各线圈产生的磁场就会互相干扰，严重时会使整个电路无法工作。为此人们常把互不相干的线圈的间距拉大或把两个线圈垂直布置，在某些场合下还须用铁磁材料把线圈或其他元器件封闭起来，进行磁屏蔽。

课后阅读

1．汽车点火电路

汽车点火电路是利用互感现象实现的。汽车点火开关通、断瞬间，一次线圈电流突然变化，磁通也突然变化，由于互感作用，使二次线圈产生 1.5 万伏以上瞬时高压，再由高压分配器送到火花塞（图 2-39），完成点火。

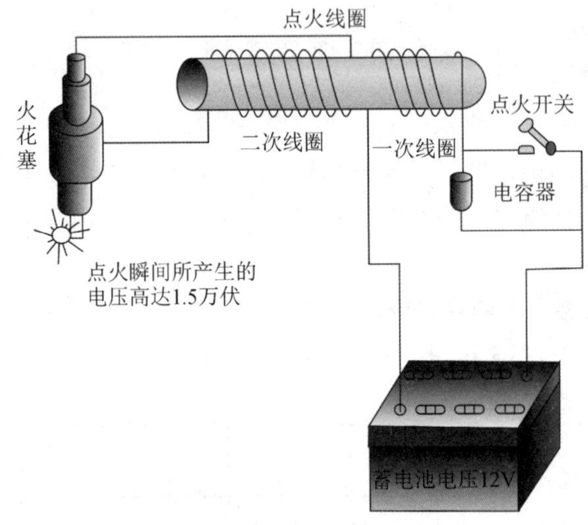

图 2-39　汽车点火电路

2．霍尔元件

如图 2-40（a）所示，磁感应强度为 B 的磁场垂直作用于一块矩形半导体薄片上，若在 a、b 方向通入电流 I，则分析正电荷 q 的受力可知，在与电流和磁场垂直的方向上会产生电压 U_H，这种现象称为霍尔效应，若改变 I 或 B，或两者同时改变，均会引起 U_H 的变化，利用这一原理可以将其制成各种传感器。霍尔元件［图 2-40（b）］在位置检测、速度检测、数控机床换刀控制等方面都有广泛应用。

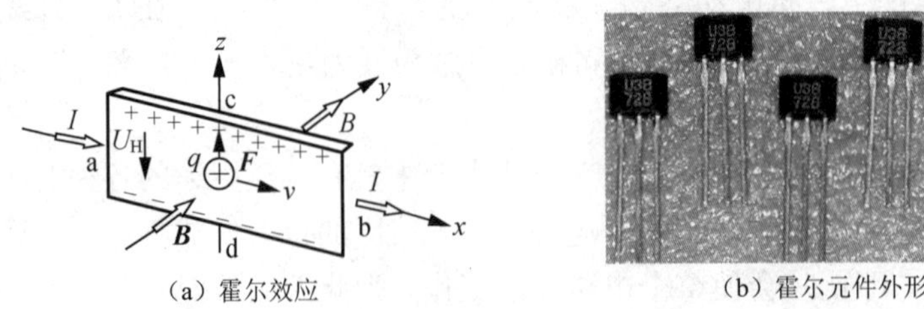

（a）霍尔效应　　（b）霍尔元件外形

图 2-40　霍尔元件的应用

图 2-41 所示为冲床磁感应电子计算器的外观及接线示意图。在冲头往复运动的过程中，安置于冲头上方的强磁磁铁接近或离开霍尔传感器时，会使霍尔元件感应，产生信号，并输入计数器进行计数。

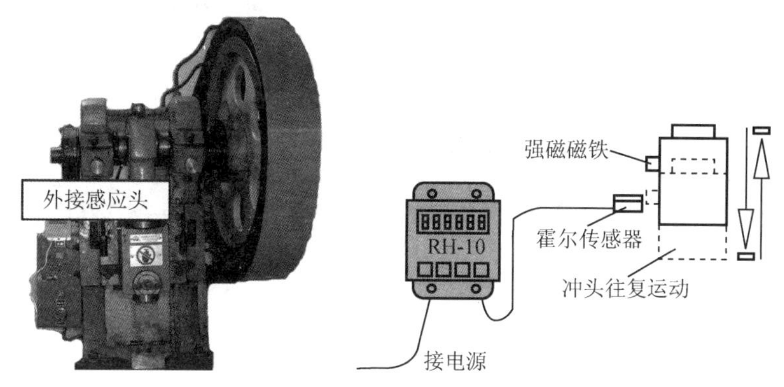

图 2-41　冲床磁感应电子计数

1．磁铁周围和电流周围都存在着磁场。磁感应线能形象地描述磁场，是互不交叉的闭合曲线，在磁体外部由 N 极指向 S 极，在磁体内部由 S 极指向 N 极。磁感应线的切线方向表示磁场方向。

2．电流产生的磁场方向可用安培定则判断，磁场对处在其中的载流导体有作用力，其方向可用左手定则判断：电磁力的大小为 $F=BIL\sin\alpha$。式中α为电流方向与磁感应线的夹角。

3．产生感应电动势的条件是导体相对磁场运动而切割磁感应线或线圈中的磁通发生变化。直导体切割磁感应线产生的感应电动势方向用右手定则来判断。

4．楞次定律：感应电流产生的磁通总要阻碍引起感应电流的磁通的变化。

法拉第电磁感应定律：线圈中感应电动势的大小与通过同一线圈的磁通变化率成正比。

5．由于流过线圈本身的电流发生变化而引起的电磁感应现象称为自感。自感电动势的大小与电流的变化率成正比，即 $e_L=L\dfrac{\Delta i}{\Delta t}$。

6．由于一个线圈中的电流发生变化，导致另一个线圈产生电磁感应的现象，称为互感。它表明：一个线圈中互感电动势的大小，正比于另一个线圈中电流的变化率。互感电动势的方向利用同名端判别较为简便。

1．在题图 2-1 中标出电流产生的磁场方向或电源的正负极性。

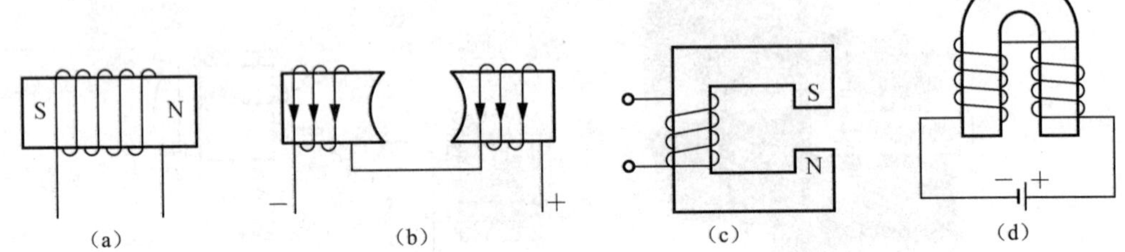

题图 2-1

2．在题图 2-2 中，已分别标出了电流 ***I***、磁感应强度 ***B*** 和电磁力 ***F*** 这 3 个物理量中的两个物理量，试标出第三个物理量的方向。

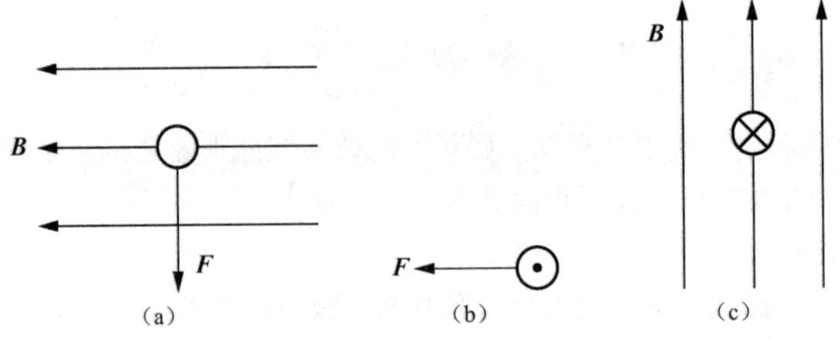

题图 2-2

3．题图 2-3 所示为磁电式仪表原理图，当测量直流电压或电流时，线圈受到电磁力作用并带动指针偏转。试判断图中指针的偏转方向。

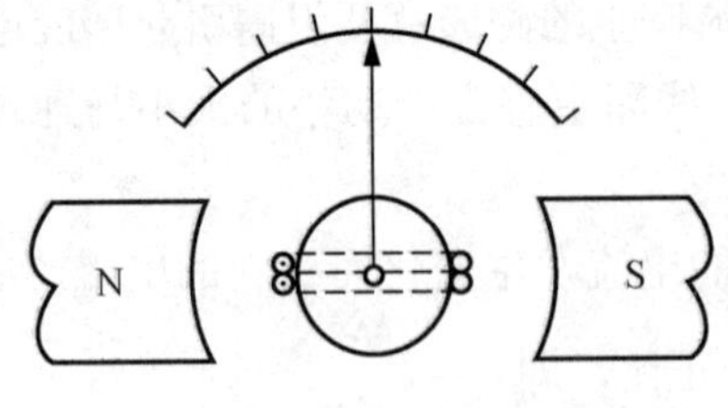

题图 2-3

4．在题图 2-4 所示的蹄形磁铁两极间，放一个 abcd 线圈，当蹄形磁铁绕 OO' 轴逆时针旋转时，线圈将出现什么情况？为什么？

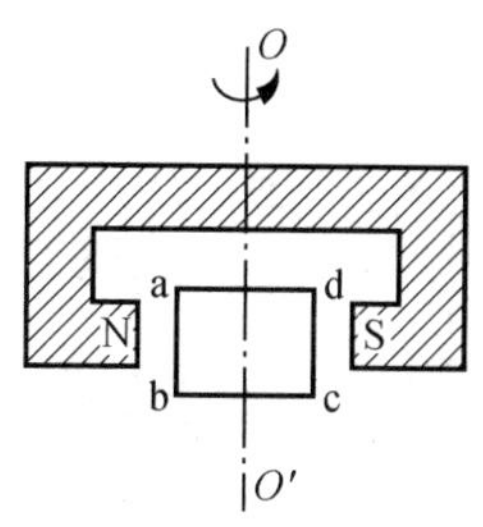

题图 2-4

5．如题图 2-5 所示，开关 S 在断开瞬间，灯泡 HL 会出现什么情况？为什么？

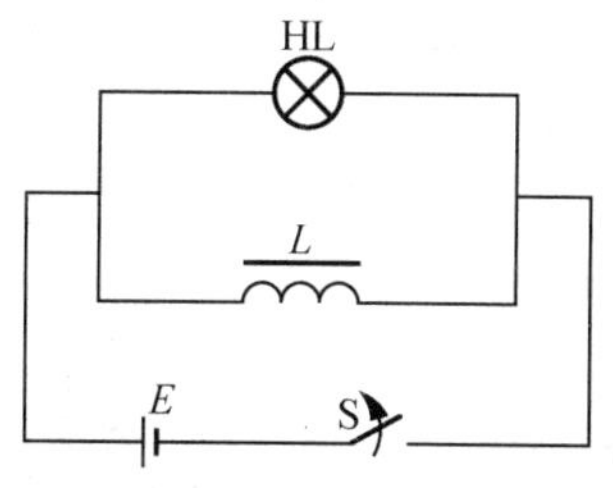

题图 2-5

6．如题图 2-6 所示，绕在同一铁心上的一对互感线圈，不知其同名端，现按图连接电路并测试，当开关突然接通时，发现电压表反向偏转。试确定两线圈的同名端。

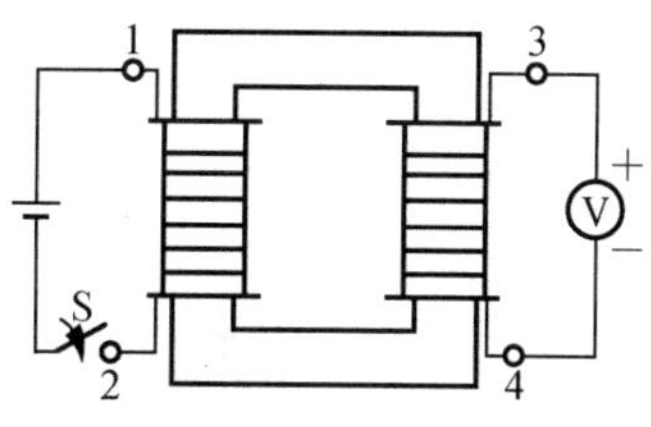

题图 2-6

3 单元 正弦交流电路

◎ 教学情境

“朝辞白帝彩云间，千里江陵一日还。两岸猿声啼不住，轻舟已过万重山。”这首诗曾带给我们多少快乐与幻想！如今诗人笔下的三峡不仅风景秀丽依然，更在为祖国做着巨大的贡献，三峡电厂总装机容量为4000万千瓦，图3-1所示为三峡电厂发电机。亘古不变，千年流淌的滚滚长江正在焕发着青春。

你知道发电机是怎样工作的吗？发电机发出的电是如何输送到千家万户的？

图3-1　三峡电厂发电机

◎ 教学重点

- 掌握正弦交流电的基本概念。
- 学会简单交流电路的分析方法。
- 理解电阻、电感、电容对交直流电的不同作用。
- 了解常用照明灯具、照明方式及荧光灯电路的工作原理。

◎ 教学目标

项目教学目标		教学方式	建议学时
知识目标	1. 了解正弦交流电的定义及产生； 2. 理解正弦交流电三要素的概念、符号、意义、计算； 3. 掌握纯电阻交流电路、纯电感交流电路、纯电容交流电路的基本规律； 4. 掌握电容的基本知识	教师讲授、学生练习、课堂检测	16
技能目标	1. 会安装常用照明电路； 2. 会使用常用电子仪器	教师讲解演示、学生动手操作	4
情感目标	1. 培养学生严谨的学习态度、追寻真理的精神； 2. 激发学生学习兴趣，培养学习积极性； 3. 培养学生良好的职业习惯； 4. 培养学生的团队协作精神； 5. 牢固树立安全用电意识	言传身教、潜移默化	2

正弦交流电的基本概念

3.1.1　交流电

在现代工农业生产及日常生活中，除了必须使用直流电的特殊情况外，绝大多数场合应用的是交流电。交流电之所以应用如此广泛，是因为它具有以下优点：

1）交流电可以利用变压器方便地改变电压，便于输送、分配和使用。

2）交流电动机比相同功率的直流电动机的结构简单、成本低、使用维护方便。

3）可以应用整流装置，将交流电变换成所需的直流电。

直流电和交流电的根本区别是，直流电的方向不随时间的变化而变化，交流电的方向则随着时间的变化而变化。下面以电流为例做一比较，见图 3-2。

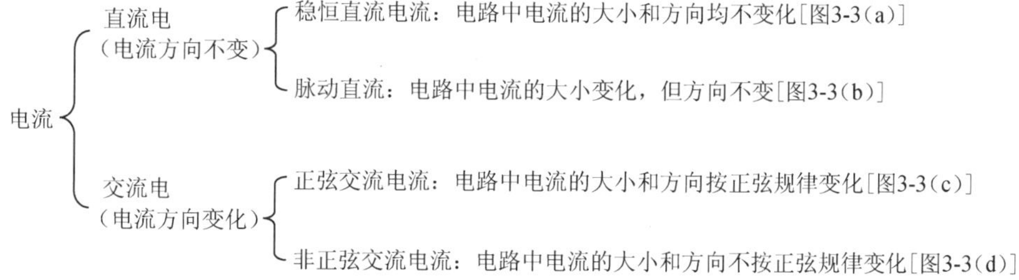

图 3-2　直流电与交流电的区别（电流）

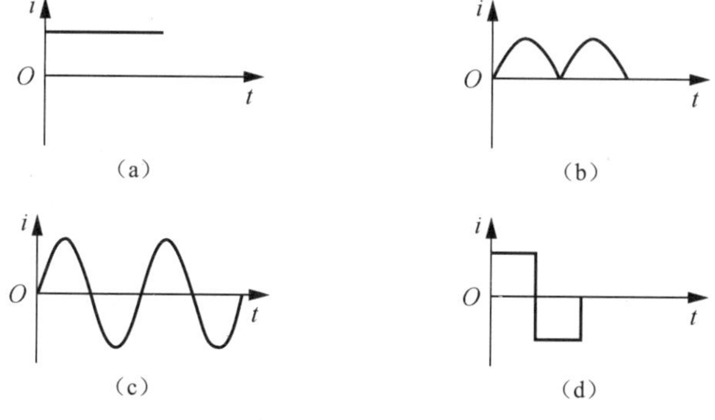

图 3-3　电流的波形

3.1.2 正弦交流电的产生

交流电可以由交流发电机提供，也可由振荡器产生。交流发电机主要用于提供电能，振荡器主要用于产生各种交流信号。

图 3-4（a）所示是一种简单的手摇交流发电机，图 3-4（b）所示为其原理示意图。当线圈在匀强磁场中以角速度ω逆时针匀速转动时，由于导线切割磁感应线，线圈将产生感应电动势，如图 3-5 所示。

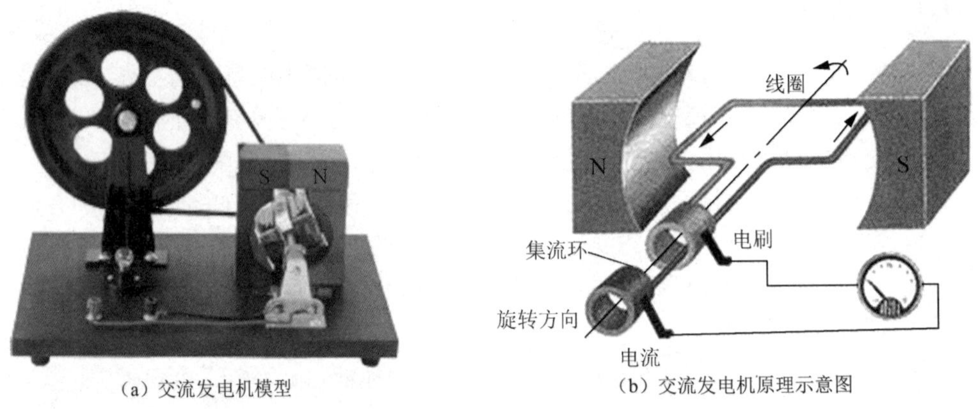

（a）交流发电机模型 （b）交流发电机原理示意图

图 3-4 交流发电机

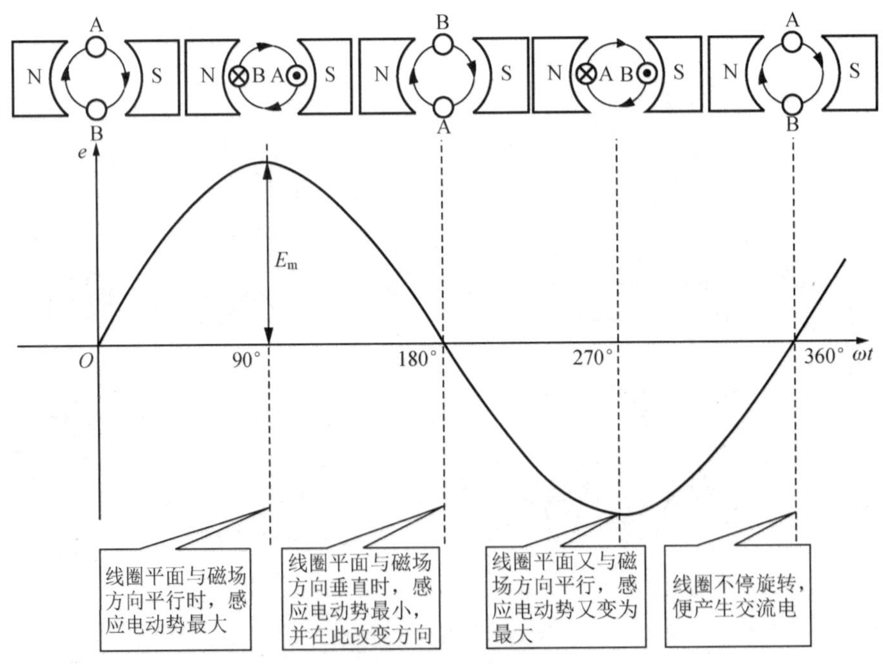

图 3-5 正弦交流电的产生

设磁感应强度为 B，磁场中线圈的长度为 l，则当线圈旋转至与磁感应线的夹角为α时，其单侧线圈所产生的感应电动势为 $e'=Blv\sin\alpha$，即 $e'=Blv\sin\omega t$。所以整个线圈所产生的感应电动势为

$$e=2Blv\sin\omega t$$

$2Blv$ 为感应电动势的最大值，设为 E_m，则

$$e=E_m\sin\omega t$$

上式为正弦交流电动势的瞬时值表达式，也称解析式。正弦交流电压电流等表达式与此相似。

实际应用的发电机结构比较复杂（图 3-6），线圈匝数很多，而且嵌在硅钢片制成的铁心中，称为电枢。磁极一般也不只是由一对电磁铁构成的。由于电枢电流较大，如果采用旋转电枢式发电机，电枢电流必须经裸露的集电环和电刷引导外电路，这样很容易产生火花放电，使集电环和电刷烧坏，所以不能提供较高的电压和较大的功率，一般旋转电枢式发电机提供的电压不超过 500V。大型发电机采用旋转磁极式，即电枢不动而让磁极旋转。其定子绕组不经电刷和外电路接触，能提供很高的电压和较大的功率。图 3 7 所示为大型水利发电机组。

图 3-6　旋转磁极式发电机

图 3-7　大型水力发电机组

3.1.3　正弦交流电的周期、频率与角频率

正弦交流电的波形如图 3-8 所示。

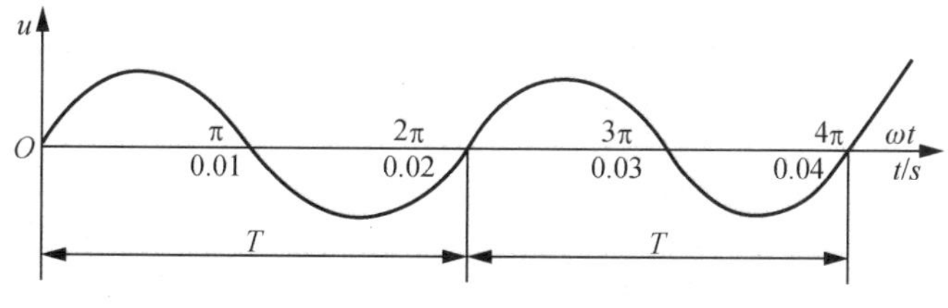

图 3-8　正弦交流电波形

1. 周期

交流电每重复变化一次所需的时间称为周期，用符号 T 表示，单位是秒（s），如图 3-8 所示，交流电的周期为 0.02s。

2. 频率

交流电在 1s 内重复变化的次数称为频率，用符号 f 表示，单位是赫兹（Hz）。根据定义可知，周期和频率互为倒数，即

$$f=\frac{1}{T} \qquad \text{或} \qquad T=\frac{1}{f}$$

例如，我国动力和照明用电的标准频率为 50Hz（习惯上称为工频）。

3. 角频率

交流电每秒变化的角度（电角度）称为角频率，用符号 ω 表示。因为正弦交流电变化一周可用 2π弧度（或 360°）来计量，所以角频率为

$$\omega=\frac{2\pi}{T}=2\pi f$$

角频率的单位是弧度每秒（rad/s），例如，50Hz 所对应的角频率是 100π rad/s，约 314rad/s。

引入角频率 ω 后，相应正弦交流电波形的横坐标也用 ωt 表示。

3.1.4 正弦交流电的最大值与有效值

1. 最大值

正弦交流电在一个周期所能达到的最大瞬时值称为正弦交流电的最大值（又称峰值、幅值）。最大值用大写字母加下标 m 表示，如 E_m、U_m、I_m。

2. 有效值

因为交流电的大小是随时间变化的，所以在研究交流电的功率时，采用瞬时值和最大值不够方便，通常用有效值来表示。有效值是这样规定的：使交流电和直流电加在同样阻值的电阻上，如果在相同的时间内产生的热量相等，就把这一直流电的大小称为相应交流电的有效值（图 3-9）。有效值用大写字母表示，如 E、U、I。电工仪表测出的交流电数值及通常所说的交流电数值都是指有效值。正弦交流电的有效值和最大值之间有如下关系：

$$\text{有效值}=\frac{1}{\sqrt{2}}\times\text{最大值}\approx 0.707\times\text{最大值}$$

图 3-9 交流电的有效值

3.1.5 正弦交流电的相位与相位差

1．相位

正弦量在任意时刻的电角度称为相位角，也称相位或相角，用 $\omega t+\varphi_0$ 表示，它反映了交流电变化的进程。φ_0 为正弦量在 $t=0$ 时的相位，称为初相位，也称初相角或初相。

交流电的初相位可以为正，也可以为负。若 $t=0$ 时正弦量的瞬时值为正，则初相位为正［图 3-10（a）］；若 $t=0$ 时正弦量的瞬时值为负，则初相位为负［图 3-10（b）］。

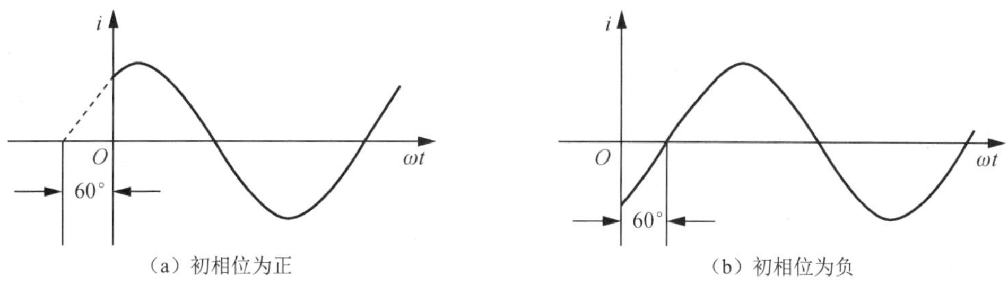

图 3-10 相位的正负

初相位通常用不大于 180° 的角来表示。例如，$i=50\sin(\omega t+240°)$A 应记为 $i=50\sin(\omega t-120°)$A。

2．相位差

两个同频率的正弦量的相位之差称为相位差，用符号 φ 表示，即

$$\varphi=(\omega t+\varphi_1)-(\omega t+\varphi_2)=\varphi_1-\varphi_2$$

两个同频率正弦量的相位差等于它们的初相位之差。如果一个正弦量比另一个正弦量提前达到零值或最大值，则称前者超前后者［图 3-11（a）］；若两个正弦量同时达到零或最大值，即两者的初相位相等，则称它们同相位，简称同相［图 3-11（b）］；若一个正

弦量达到正的最大值的同时，另一个正弦量达到负的最大值，即它们的初相位相差 180°，则称它们反相位，简称反相［图 3-11（c）］；若两个正弦量相位差φ=90°，则称它们正交［图 3-11（d）］。

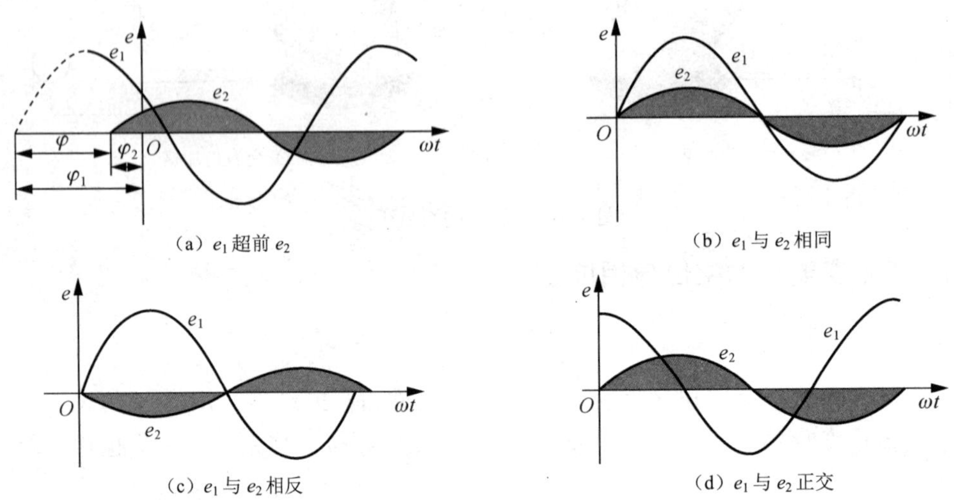

图 3-11　正弦交流电的相位关系

综上所述，最大值反映了正弦量的变化范围，角频率反映了正弦量的变化快慢，初相位反映了正弦量的起始状态。它们是表征正弦交流电的 3 个重要物理量。知道了这 3 个量就可以唯一确定一个正弦交流电，写出其瞬时值的表达式，因此常把最大值、角频率和初相位称为正弦交流电的三要素。

【例 3-1】 已知两正弦电动势分别是 $e_1=100\sqrt{2}\sin(100\pi t+60°)$V，$e_2=65\sqrt{2}\sin(100\pi t-30°)$V。试求：

1）各电动势的最大值和有效值。

2）频率、周期。

3）相位、初相位、相位差。

4）波形图。

解： 1）最大值为 $E_{m1}=100\sqrt{2}$ V，$E_{m2}=65\sqrt{2}$ V；有效值为 $E_1=100\sqrt{2}/\sqrt{2}=100$（V），$E_2=65\sqrt{2}/\sqrt{2}=65$（V）。

2）频率 $f_1=f_2=\omega/2\pi=100\pi/2\pi=50$（Hz），周期 $T_1=T_2=1/f=1/50=0.02$（s）。

3）相位 $\alpha_1=100\pi t+60°$，$\alpha_2=100\pi t-30°$；初相位 $\varphi_1=60°$，$\varphi_2=-30°$，相位差 $\varphi=\varphi_1-\varphi_2=60°-(-30°)=90°$。

4）波形图如图 3-12 所示。

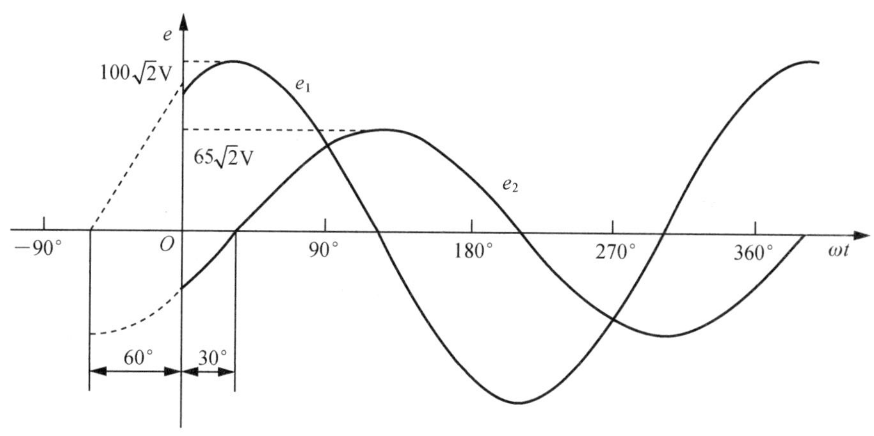

图 3-12　波形图

3.1.6　正弦交流电的表示方法

1. 解析式表示法

正弦交流电的电动势、电压和电流的瞬时值表达式就是正弦交流电的解析式：

$$i_t = I_m \sin(\omega t + \varphi_i)$$
$$u_t = U_m \sin(\omega t + \varphi_u)$$
$$e_t = E_m \sin(\omega t + \varphi_e)$$

3 个解析式中都包含了最大值、频率和初相位，根据解析式可以计算交流电任意瞬时的数值。例如，已知某正弦交流电流的最大值是 2A，频率为 100Hz，设初相位为 60°，则该电流的瞬时表达式为

$$\begin{aligned} i_t &= I_m \sin(\omega t + \varphi_{i0}) \\ &= 2\sin(2\pi f t + 60°) \\ &= 2\sin(628t + 60°)\ \text{(A)} \end{aligned}$$

2. 波形图表示法

正弦交流电还可以用与解析法相对应的正弦曲线来表示。如图 3-13 所示，横坐标表示时间 t 或电角度 ωt，纵坐标表示交流电的瞬时值。从波形图中可以看出交流电的最大值、周期和初相位。

3. 矢量图表示法

用旋转矢量法表达正弦交流电：如图 3-14 所示，在直角坐标系内，做一矢量 OA，其长度和正弦交流电的最大值相等，使 OA 与 Ox 轴夹角等于正弦交流电的初相位；令

其按逆时针方向旋转，矢量 OA 在任一瞬时与横轴 Ox 夹角为正弦交流电的相位，OA 在任一瞬时在纵轴 Oy 的投影 Oa 即为正弦交流电的瞬时值。

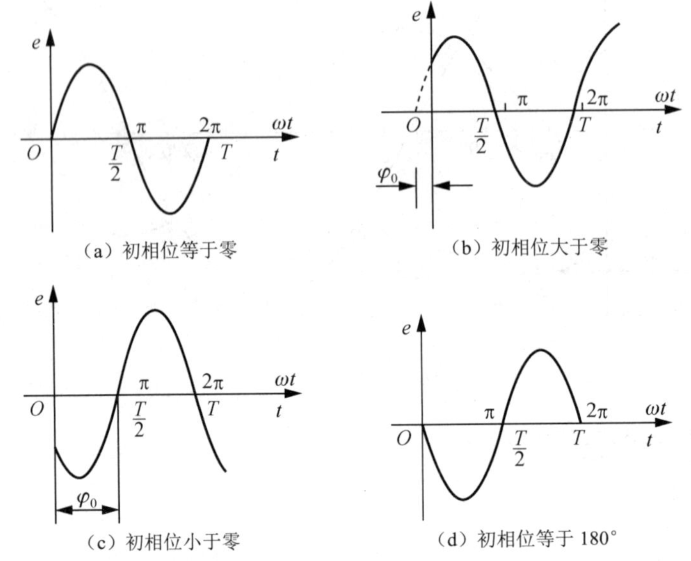

图 3-13 正弦交流电的波形图

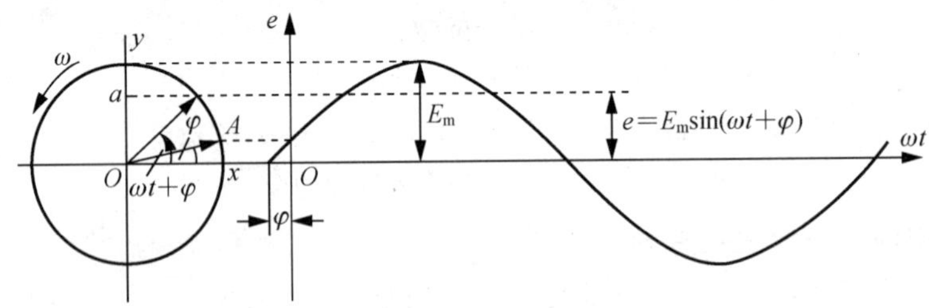

图 3-14 矢量表示法

$$Oa=e=E_{\mathrm{m}}\sin(\omega t+\varphi)$$

从以上讨论可以看出：矢量 OA 的长度代表正弦量的最大值，与 Ox 轴夹角代表了正弦量的相位，频率与正弦量相同，且在纵轴的投影 Oa 代表了正弦量的任一瞬时值。所以可以说旋转矢量 OA 能完整地表达一个正弦量。

把同频率的交流电画在同一矢量图上时，由于矢量的角频率相同，因此不管其旋转到何位置，彼此之间的相位关系始终保持不变。因此，在研究同频矢量之间的关系时，一般只按初相位做出矢量，而不必标出角频率。如图 3-15 所示，这样做出的图形称为矢量图。

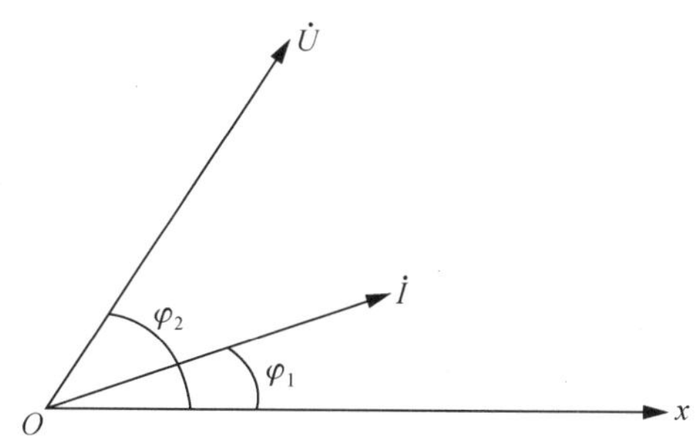

图 3-15　矢量图

采用矢量图表示正弦交流电，在计算和决定几个同频率交流电之和或差的时候，比解析式表示法和波形图表示法要简单得多，而且比较直观，因此它是研究交流电的重要工具之一。

在实际工作中，往往采用有效值矢量图来计算交流电。有效值矢量图简称矢量图。

应该说明：上述交流电中的物理量并不是物理学意义上的矢量，只是由于其合成与分离法则与后者相同，为叙述方便，称其为“矢量”。因此，在矢量图中，各量不赋予矢量符号。

课堂检测

一、填空题

1．交流电的________和________随时间的变化而变化。其中按________变化的交流电称为正弦交流电。

2．正弦交流电数值的表示方式有最大值、________和________。

3．正弦交流电的三要素是________、________和初相位。

4．交流电每重复一次所需的时间称为________，用符号________表示，其单位为________。

5．交流电在 1s 内重复变化的次数称为________，符号为________，单位为________。

6．交流电每秒变化的电角度称为________，单位为________。

7．交流电的最大值反映其________，角频率（或频率、周期）反映其________，初相角反映其________。

8．两个同频率的正弦量的相位差为 180° 时，称它们为________。

9．我国的电力标准频率为________Hz，习惯上称为工频，其周期为________s，角频率为________rad/s。

10．市用照明电的电压为 220V，这是指电压的________值，它的最大值为________V。

11. 正弦量$e_1=10\sqrt{2}\sin(314t+60°)$ V，则该交流电的最大值为________，有效值为________，频率为________，周期为________，初相位为________。

12. 正弦交流电的表示方法有________、________和________3种。

二、选择题

1. 交流电变化得越快，说明交流电的周期（　　）。

A. 越大　　B. 越小　　C. 无法确定

2. 电工仪表测出的交流电数值以及一些电气设备上所标的额定值一般都是指（　　）。

A. 瞬时值　　B. 最大值　　C. 有效值

三、简答题

1. 直流电、交流电、正弦交流电的主要区别是什么？

2. 什么是相位差？有几种相位关系？

3. 让 8A 的直流电流和最大值为 10A 的交流电流分别通过阻值相同的电阻，则在相同时间内，哪个电阻发热量大？为什么？

实践活动 2　常用电子仪器的使用

一、实训目的

初步掌握交流毫伏表、信号发生器、示波器的使用方法。

二、实训器材

交流毫伏表（最大量程为 300V，最小量程为 10mV）1 台，正弦信号发生器（输出 20Hz～1MHz 正弦电压）1 台，示波器 1 台，如图 3-16 所示。

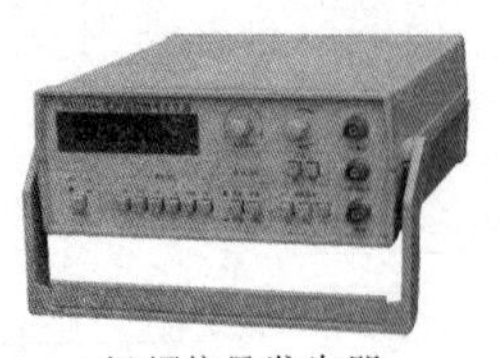

低频信号发生器

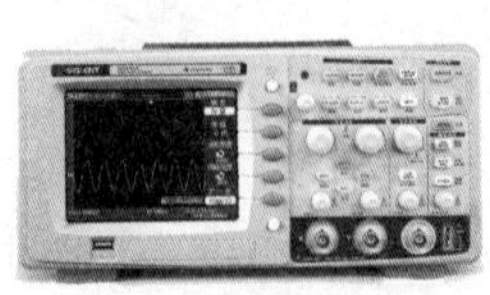

示波器

交流毫伏表

图 3-16　实物图

三、实训内容

01 按图 3-17 所示连接线路。

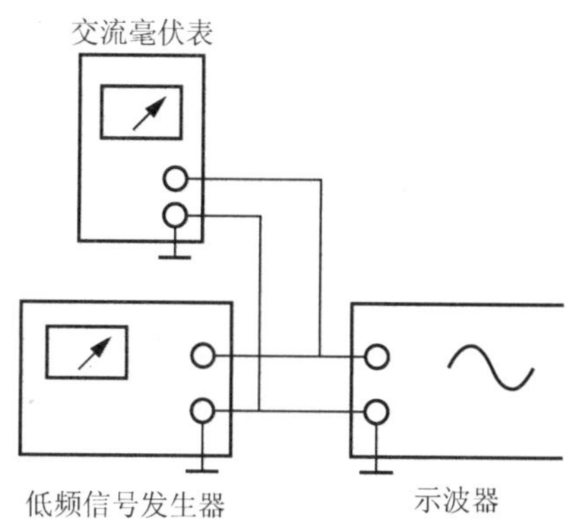

图 3-17 实物接线图

02 启动信号发生器，将它的输出衰减开关分别置于 0dB、20dB、40dB、60dB 的位置上，调节输出电压微调旋钮，用交流毫伏表测量电压的变化范围，并将测量结果计入表 3-1。

表 3-1 测量结果（一）

输出衰减开关位置/dB	0	20	40	60
输出电压变化范围/V				

03 将示波器电源接通预热后，调节“辉度”、“聚焦”、“X 轴移位”、“Y 轴移位”等旋钮，使荧光屏上出现扫描线。

04 调节信号发生器，使其输出电压为 1～5V、频率为 1kHz，用示波器观察信号电压波形，调节“X 轴衰减”、“Y 轴增幅”旋钮，使荧光屏显示的电压波形的峰-峰值占 5 格左右。

05 调节“扫描范围”、“扫描微调”旋钮，使荧光屏上显示数个完整、稳定的正弦波。

06 由低频信号发生器输出如上所要求的信号，用交流毫伏表测量其电压大小，用示波器观察波形并测量其电压大小和频率。将各仪表的读数计入表 3-2。

表 3-2 测量结果（二）

正弦信号		频率/kHz	0.4	1	2	20
		有效值/V	0.08	0.5	0.15	2
低频信号发生器	旋钮挡位	输出衰减/dB				
		频段选择				

续表

低频信号发生器	输出信号	频率/Hz				
		有效值/V				
示波器	V/div	挡级				
	读数	电压峰–峰值/V				
	t/div	挡级				
	读数	信号频率/Hz				
交流毫伏表	量程	挡级				
	读数	电压有效值/V				

1）将低频信号发生器的读数与交流毫伏表和示波器的测量值进行比较。

2）在使用示波器观察正弦波电压时，如果荧光屏上分别出现图 3-18 所示的情况，则哪些旋钮的位置不对？应如何调节？

3）双踪示波器显示波形如图 3-19 所示，峰值较大者为 e_1，另一个为 e_2，试根据波形图说出 e_1 与 e_2 的相位关系。

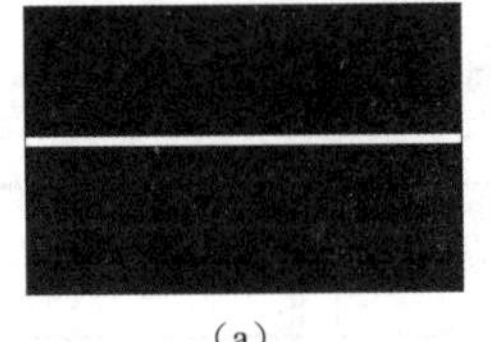
（a）

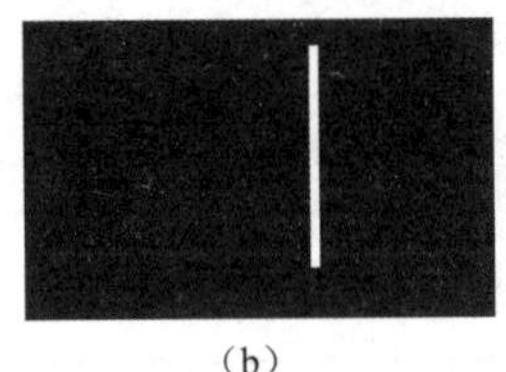
（b）

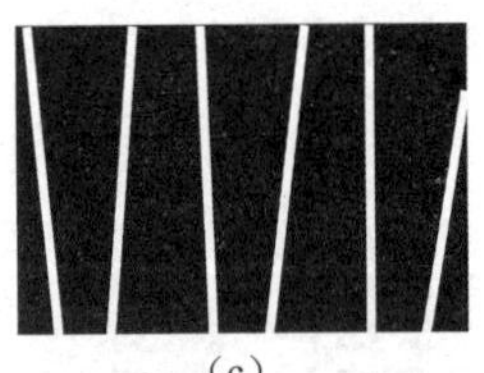
（c）

图 3-18　示波器显示波形

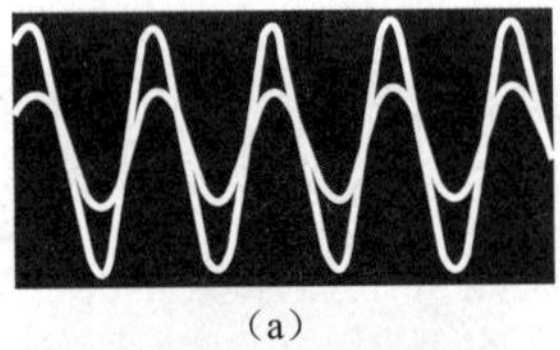
（a）

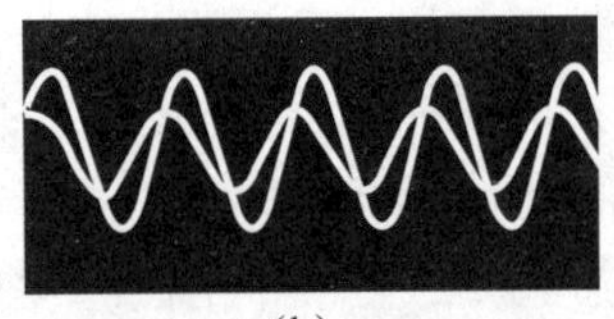
（b）

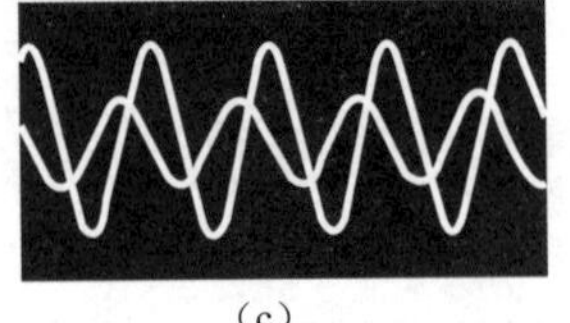
（c）

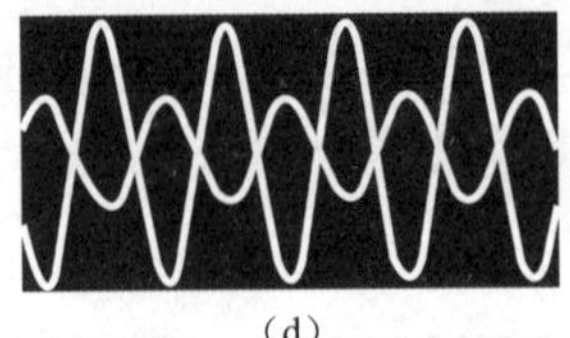
（d）

图 3-19　双踪示波器显示波形

3.2 纯电阻交流电路

只含有电阻元件的交流电路叫做纯电阻电路，由白炽灯、电烙铁、电阻器等组成的交流电路都可看成纯电阻电路，图 3-20 所示为纯电阻电路典型应用实例，纯电阻电路如图 3-21（a）所示。在这些电路中，当外加电压一定时，影响电流大小的主要因素是电阻。

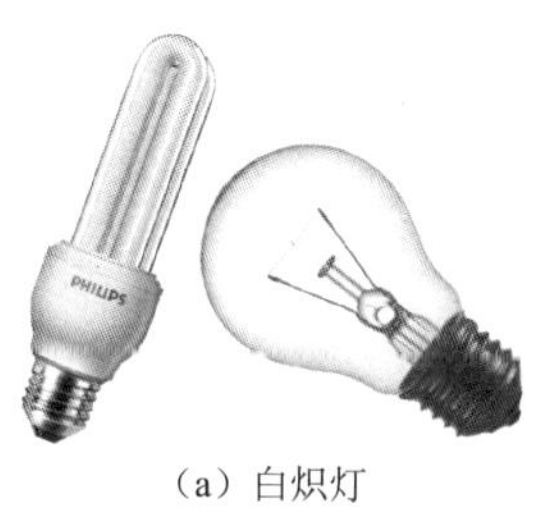

（a）白炽灯

（b）卤钨灯

（c）电阻炉

图 3-20　纯电阻电路典型应用实例

3.2.1　电流与电压的相位关系

设加在电阻两端的电压为

$$u_R = U_m \sin \omega t$$

实验证明，在任一瞬间通过电阻的电流仍可用欧姆定律计算，即

$$i = \frac{u_R}{R} = \frac{U_m}{R} \sin \omega t = I_m \sin \omega t$$

上式表明，在正弦电压的作用下，电阻中通过的电流也是一个同频率的正弦交流电流，且与加在电阻两端的电压同相位。图 3-21（b）、（c）分别给出了电流和电压的矢量图和波形图。

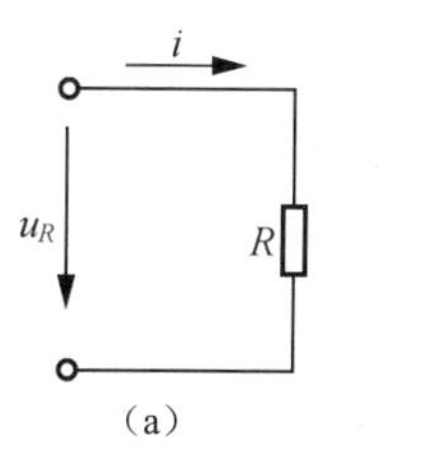

（a）

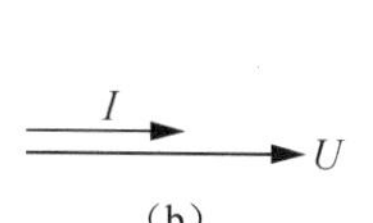

（b）

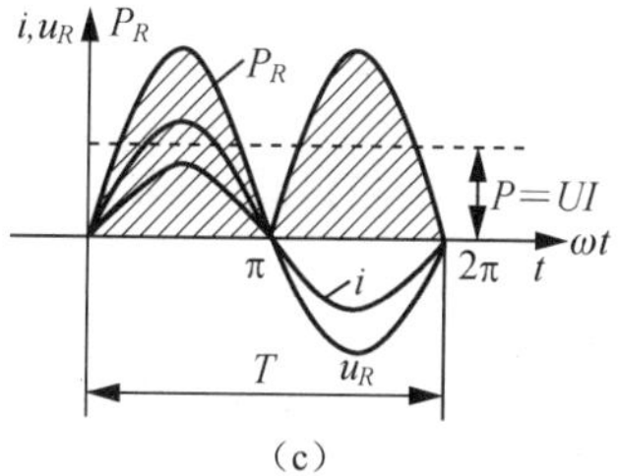

（c）

图 3-21　纯电阻电路

3.2.2 电压与电流的数量关系

由式 $i=\frac{u_R}{R}=\frac{U_m}{R}\sin\omega t=I_m\sin\omega t$ 可知，通过电阻的最大电流为

$$I_m=\frac{U_m}{R}$$

由于纯电阻电路中正弦交流的电压和电流之间满足欧姆定律，因此把等式两边同时除以 $\sqrt{2}$，即得到有效值关系为

$$I=\frac{U}{R}$$

这说明，正弦交流电压和电流的有效值之间也符合欧姆定律。

3.2.3 功率

在任一瞬间，电阻中电流瞬时值与同一瞬间的电阻两端电压的瞬时值的乘积，称为电阻获取的瞬时功率，用 P_R 表示，即

$$P_R=u_R i=\frac{U_m^2}{R}\sin^2\omega t$$

瞬时功率的曲线如图 3-21（c）所示。由于电流和电压同相，因此 P_R 在任一瞬间的数值是正值或等于零，这说明电阻总是消耗功率，是耗能元件。

由于瞬时功率时刻变动，不便计算，通常用电阻在交流电一个周期内消耗的功率的平均值来表示功率的大小，叫做平均功率。平均功率又称有功功率，用 P 表示，单位是瓦（W）。用有效值表示电压、电流时，平均功率 P 的计算与直流电路相同，即

$$P=UI=I^2R=\frac{U^2}{R}$$

【例 3-2】 已知某白炽灯的额定功率为 220V/100W，其两端所加电压为 $u=311\sin 314t\text{V}$。试求：

1）白炽灯的工作电阻。

2）电流有效值及解析式。

解： 1）因白炽灯额定电压、额定功率分别为 220V 和 100W，所以

$$R=\frac{U^2}{P}=\frac{220^2}{100}\approx 484\ (\Omega)$$

2）由 $u=311\sin 314t\text{V}$，可知电压有效值为

$$U=\frac{U_m}{\sqrt{2}}=\frac{311}{\sqrt{2}}\approx 220\ (\text{V})$$

与白炽灯的额定电压相符。

$$I=\frac{U}{R}=\frac{220}{484}\approx 0.455\ (\text{A})$$

又因为白炽灯可视为纯电阻，电流与电压同频、同相，所以$i=0.455\sqrt{2}\sin 314t$A 。

课堂检测

一、填空题

1．在纯电阻正弦交流电路中，电压有效值与电流有效值之间的关系为________，电压与电流在相位上的关系为________。

2．在纯电阻正弦交流电路中，已知电阻$R=10\Omega$，端电压$u=10\sqrt{2}\sin\left(314t-\frac{\pi}{6}\right)$V，那么电流 $i=$________，电压与电流的相位差$\varphi=$________，电阻上消耗的功率 $P=$________。

3．在电阻元件交流电路中，电阻消耗的瞬时功率在一个周期内的平均值称为________，也称________功率，单位为________，用P_R表示，计算公式为$P_R=$________。

二、判断题

1．如果一个元件上的电压与电流的相位差为360°，则该元件肯定是电阻元件。（ ）

2．由于电路中纯电阻通过的电流i和其两端电压u的值在一个周期内的平均值为零，因此电流、电压瞬时值的乘积$p=ui$为零。（ ）

三、选择题

1．正弦电流通过电阻元件时，下列关系式不正确的是（ ）。

A．$I_m=\frac{U}{R}$　　B．$I=\frac{U}{R}$　　C．$i=\frac{u}{R}$　　D．$I_m=\frac{U_m}{R}$

2．已知一个电阻上的电压为10V，测得电阻上所消耗的功率为20W，则这个电阻的阻值为（ ）。

A．5Ω　　B．10Ω　　C．20Ω　　D．40Ω

四、计算题

有一只电阻接在$u=220\sqrt{2}\sin(314t-60°)$V的交流电源上，测得流过的电流$I=2$A，试求：

（1）电阻阻值；

（2）电阻上流过的电流瞬时值表达式；

（3）电阻所消耗的功率。

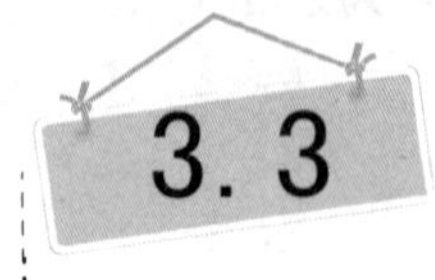

3.3 纯电感交流电路

常见电感器的图形符号如图 3-22 所示。

图 3-22 常用电感器实物及图形符号

3.3.1 电感对交流电的阻碍作用

如图 3-23 所示，HL_1 和 HL_2 是两只相同的灯泡，电感线圈（有铁心）L 的直流电阻等于 R，接好电路后，先接通 6V 直流电源，可以看到 HL_1 和 HL_2 的亮度相同，再改接 6V 交流电源，发现灯泡 HL_2 明显变暗，这表明电感线圈对直流电和交流电的阻碍作用是不同的。对于直流电，起阻碍作用的只是线圈的电阻。对于交流电，除了线圈的电阻外，电感也起阻碍作用。电感对交流电的阻碍作用称为感抗，用 X_L 表示。感抗的单位是欧姆（Ω）。

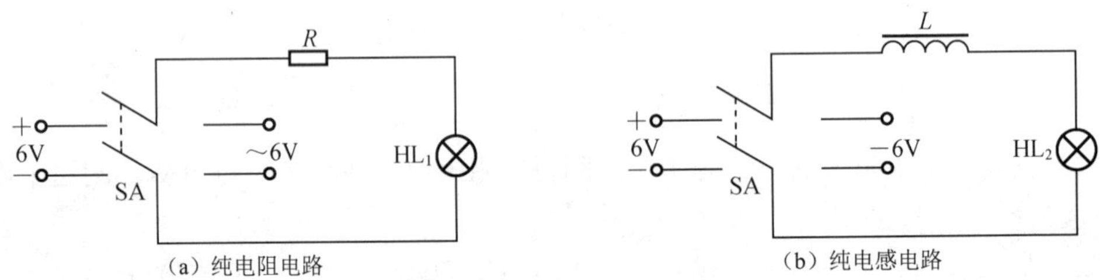

图 3-23 电感对交流电的阻碍作用

感抗的大小与哪些因素有关呢？我们继续进行试验。

1）把铁心从线圈中取出（线圈的自感系数减小），灯泡变亮；重新把铁心插入线圈（线圈的自感系数增大），灯泡变暗。可见线圈的自感系数越大，感抗就越大。

2）保持电源电压大小不变，改变频率，发现频率越高，灯光越暗，可见交流电的频率越高，线圈的感抗也越大。

感抗的计算式为

$$X_L = 2\pi fL = \omega L$$

电感对交流电的阻碍作用可以简单概括为“通直流，阻交流，通低频，阻高频”。因此电感也称为低通元件。

3.3.2 电流与电压的关系

由电阻很小的电感线圈组成的交流电路，可以近似地看做纯电感电路，如图 3-24（a）所示。在纯电感电路中，电流、电压、感抗之间的关系是

$$I=\frac{U}{X_L}$$

这就是纯电感电路欧姆定律的表达式。

感抗等于电压与电流最大值或有效值的比值，而不等于电压与电流瞬时值的比值，即 $X_L \neq \frac{u_L}{i}$，这是因为 u_L 和 i 的相位不同。

设电流 i 为参考正弦量，则电压 u_L 的瞬时值表达式为

$$u_L=L\frac{\Delta i}{\Delta t}$$

电压和电流的波形图如图 3-24（b）所示，在 i 由零增加的瞬间，电流变化率 $\frac{\Delta i}{\Delta t}$ 最大，电压 u_L 的值也最大，随着电流的增加，电流变化率逐渐减小，电压 u_L 的值也逐渐减小。当 i 达到最大值时，电流变化率 $\frac{\Delta i}{\Delta t}$ 为零。其余可类推。结果表明，电压比电流超前 90°，即电流比电压滞后 90°。电压和电流的相量图如图 3-24（c）所示。

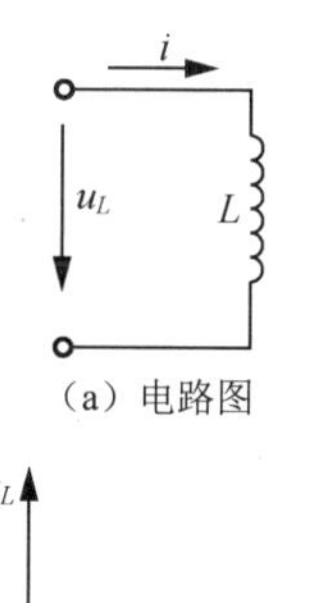

（a）电路图

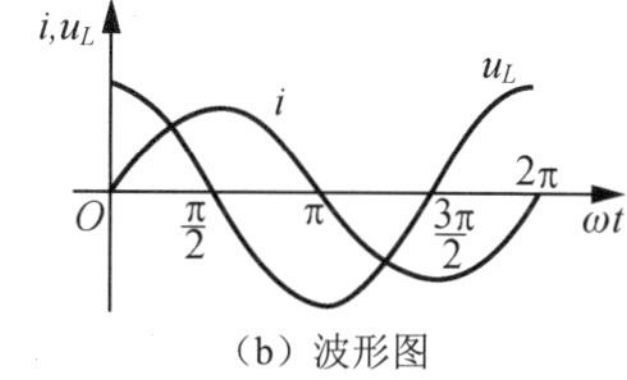

（b）波形图

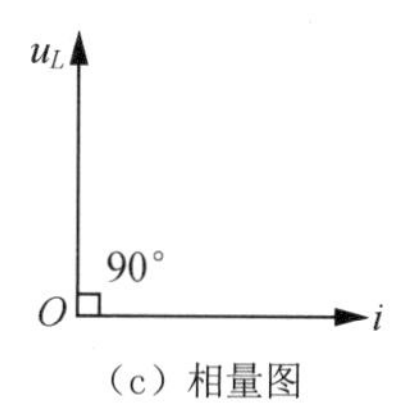

（c）相量图

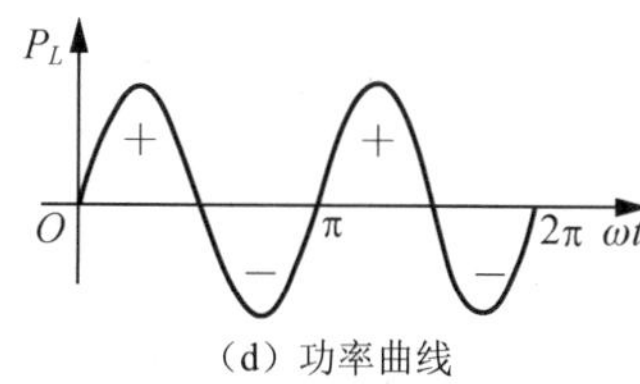

（d）功率曲线

图 3-24 纯电感电路

3.3.3 功率

将图 3-24（b）中 u_L 和 i 的波形的同一瞬间数值逐点相乘，便可得到图 3-24（d）所示的功率曲线。可见，瞬时功率在一个周期内，有时为正值，有时为负值。瞬时功率为正值，说明电感从电源吸收能量储存起来；瞬时功率为负值，说明电感又将能量返还给电源。瞬时功率在一个周期内吸收的能量与释放的能量相等，说明纯电感电路不消耗能量，它是一种储能元件。

不同的电感与电源转换能量的多少也不同，通常用瞬时功率的最大值来反映电感与电源之间转换能量的多少，称为无功功率，用 Q_L 表示，单位是乏（var）。其计算式为

$$Q_L = U_L I = I^2 X_L = \frac{U_L^2}{X_L}$$

无功功率并不是“无用功率”，“无功”的实质是指能量进行了转换，但并没有被元件消耗掉。实际上许多具有电感性质的电动机、变压器等设备都是利用无功功率而工作的。

电感元件有阻碍电流变化的作用，而自身又不消耗能量，所以在电工和电子技术中有广泛应用，如荧光灯的镇流器，直流电源中的滤波器，电动机启动、风扇调速、电焊机调节电流的电抗器等。由于绕制线圈的导线总会有电阻，因此很难制成纯电感元件，只是在电阻很小时，可忽略不计，视为纯电感电路。

【例 3-3】一个 0.7H 的电感线圈，电阻可以忽略不计。

1）将它接在 220V、50Hz 的交流电源上，试求流过线圈的电流和电路的无功功率。

2）若电源频率为 500Hz，其他条件不变，流过线圈的电流将如何变化？

解：1）线圈的感抗为

$$X_L = 2\pi fL = 2\times 3.14\times 50\times 0.7 \approx 220\ (\Omega)$$

流过线圈电流为

$$I = \frac{U_L}{X_L} = \frac{220}{220} = 1\ (\text{A})$$

电路的无功功率为

$$Q_L = U_L I = 220\times 1 = 220\ (\text{var})$$

2）当 f=550Hz 时

$$X_L = 2\pi fL = 2\times 3.14\times 500\times 0.7 \approx 2200\ (\Omega)$$

$$I = \frac{U_L}{X_L} = \frac{220}{2200} = 0.1\ (\text{A})$$

可见，频率增高，感抗增大，电流减小。

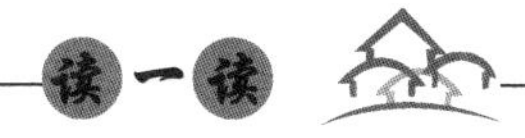

电感元件的应用

1. 扼流圈

扼流圈是指对交流电流起阻碍作用的电感线圈。利用线圈感抗与频率成正比的关系，不同扼流圈可扼制不同频率的交流电流：用于整流滤波的称滤波扼流圈，用于扼制音频电流的称音频扼流圈，用于扼制高频电流的称高频扼流圈等。

低频扼流圈［图 3-25（a）］线圈绕在闭合的铁心上，匝数为几千甚至超过一万，自感系数为几十亨。即便交流频率较低，这种线圈产生的感抗也很大。

高频扼流圈［图 3-25（b）］线圈有的绕在圆柱形铁氧体上，有的是空心的，匝数为几百或几十，自感系数为几毫亨，这种线圈对低频交流电的阻碍作用小，对高频交流电的阻碍作用大。

还有一种在闭合的铁氧体磁心上对称绕制的共模扼流圈［图 3-25（c）］，常用于抑制共模（大小相等，极性相同）干扰。

（a）低频扼流圈

（b）高频扼流圈

（c）共模扼流圈

图 3-25 扼流圈

2. 荧光灯中的镇流器

荧光灯中的镇流器是一个带铁心的线圈，在启辉器断电瞬间，镇流器产生一个很高的自感电动势，与电源电压一起加在荧光灯两端，使灯管内的气体导通而发光。荧光灯点亮后正常工作，镇流器又起到阻碍电流的作用。

3. 电风扇调速电路

图 3-26 所示为采用电抗器调速的电路，将电动机的一次、二次绕组 L_1、L_2 并联后，再串入具有抽头的电抗器，当转速开关处于不同的位置时，电抗器的电压降也不同，从而使电动机的端电压改变，实现有级调速。当调速开关接快速挡时，电动机的绕组直接与电源相连，阻抗最小，转速最高；当调速开关接中、慢速挡时，电动机串接不同的电抗器，从而使转速降低。

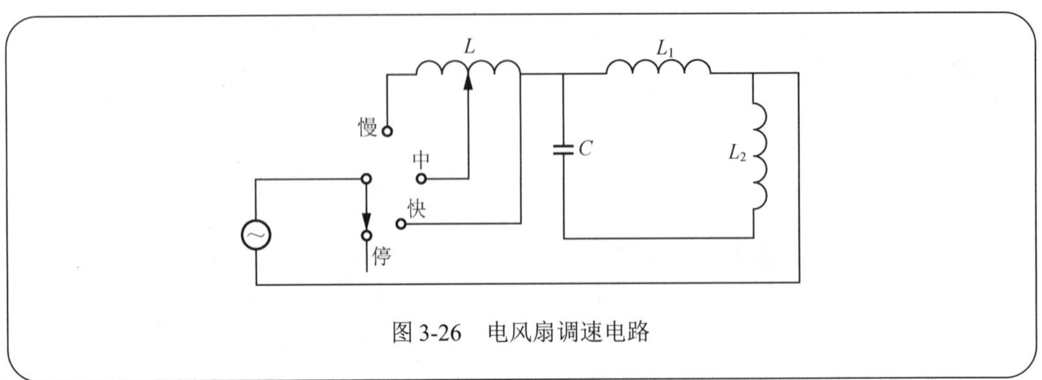

图 3-26 电风扇调速电路

课堂检测

一、填空题

1．由________很小的电感线圈组成的交流电路，可近似看成纯电感电路。

2．在纯电感正弦交流电路中，电压有效值与电流有效值之间的关系为________，电压与电流在相位上的关系为________。

3．电感对交流电的阻碍作用称为________，用符号________表示，其单位为________。感抗与电源频率成________比，与线圈的电感量成________比，其值 $X_L=$ ________；若线圈的电感为0.6H，把线圈接在频率为50Hz的交流电路中，$X_L=$ ________。

4．在纯电感正弦交流电路中，无功功率 Q_L 与电流 I、电压 U_L、感抗 X_L 的关系为 $Q_L=$ ________。

5．一个纯电感线圈若接在直流电源上，其感抗 $X_L=$ ________，电路相当于________。

6．纯电感电路的有功功率为________，说明纯电感在交流电路中________，但电感与电源间进行着________。

7．在正弦交流电路中，已知流过电感元件的电流 $I=10\text{A}$，电压 $u=20\sqrt{2}\sin(1000t)\text{V}$，则电流 $i=$ ________，感抗 $X_L=$ ________，电感 $L=$ ________，无功功率 $Q_L=$ ________。

二、判断题

1．感抗指电感中产生的自感电动势对交流电流的阻碍作用。 （ ）

2．交流电的平均功率即为交流电的瞬时功率。 （ ）

3．纯电感不消耗有功功率，但要消耗无功功率。 （ ）

4．在电感元件上所加交流电压的大小一定时，如果电压的频率越高，则在一定时间内交流电流的变化次数将越多，那么交流电流应该越大。 （ ）

5．纯电感在直流电路中相当于开路。（　　）

三、选择题

1．纯电感电路中，已知电流的初相角为−60°，则电压的初相角为（　　）。

A．30°　　B．60°　　C．90°　　D．120°

2．一个纯电感线圈接到电压有效值不变的交流电源上，当电源频率减少时，电压与电流之间的相位差将（　　）。

A．不变　　B．变小　　C．变大　　D．无法确定

3．下列说法正确的是（　　）。

A．无功功率是无用的功率

B．无功功率是表示电感元件建立磁场能量的平均功率

C．无功功率是表示电感元件与外电路进行能量交换的瞬时功率的最大值

4．在纯电感正弦交流电路中，电压有效值不变，增加电源频率时，电路中电流（　　）。

A．增大　　B．减少　　C．不变　　D．无法确定

四、简答题

为什么电感线圈有“通直隔交”的作用？

3.4 纯电容交流电路

3.4.1 电容器与电容量

1. 电容器

电容器简称电容，是构成电路的基本元件之一，在电子产品和电气设备中应用广泛。几种常用电容器的外形如图 3-27 所示。

两个相互绝缘又靠得很近的导体就组成了一个电容器。这两个导体称为电容器的两个极板，中间的绝缘材料称为电容器的电介质。图 3-28 所示的纸介质电容器就是在两块铝箔之间插入纸介质，卷绕成圆柱形而成的。

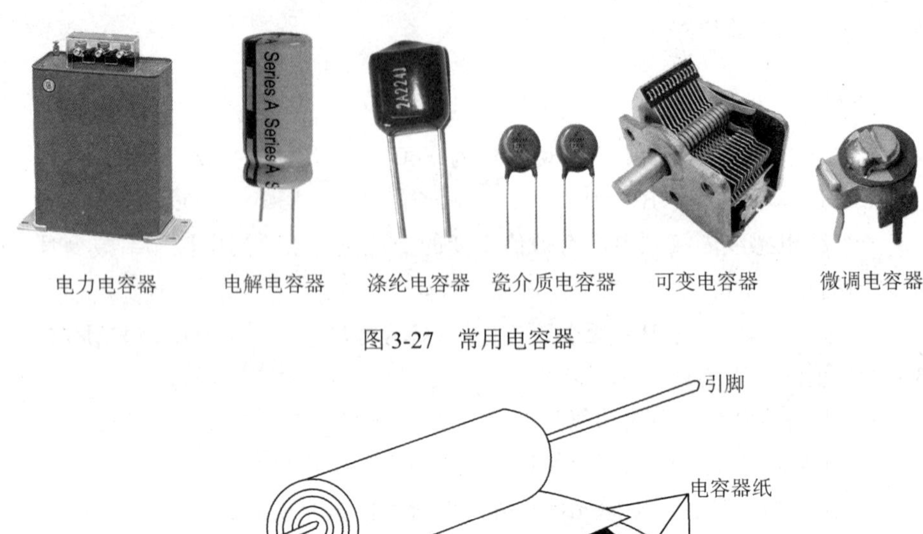

图 3-27　常用电容器

引脚
电容器纸
铝箔或锡箔电极

图 3-28　纸介质电容器

由于电容器的两个极板之间是绝缘的，因此直流电不能通过电容器，电容器的这一特性称为“隔直”。电容器能够储存电荷，这是它最基本的特征。使电容器带电的过程称为充电。把电容器的一个极板接通电源正极，另一个极板接通电源负极，两个极板就分别带上等量异种电荷。电容器在储存了一定量电荷的同时也储存了电能。

充电后的电容器失去电荷的过程称为放电，用一根导线或电阻把电容器的两极接通，两极板上的电荷互相中和，电容器就不带电了。

在电路中使用电容器，切断电源后，电容器中仍有剩余电荷。因此，在检测电容器之前必须先将其放电，以免损害测试设备，或对操作者造成电击。

2. 电容量

原来不带电的电容器接上直流电源后，它的两个极板储存电荷，而且所加的电压越大，电容器所储存的电荷越多。对于某一个电容器来说，电荷量与电压的比值是一个常数，但是对于不同的电容器，这个比值一般是不同的。因此，可用这个比值来反映电容器储存电荷的能力。我们把这一比值称为电容器的电容量，简称电容，用符号 C 表示。它在数值上等于电容器在 1V 电压作用下所储存的电荷量，即

$$C=\frac{Q}{U}$$

电容的单位是法拉（F），简称法，常用的较小的单位有微法（μF）和皮法（pF）。

电容器的电容也可以看做为使两极板间的电位差为1V时电容器需要带的电荷量。需要的电荷量多，表示电容器的电容大。这类似于用不同的容器装水（图3-29），要使各容量中水深都为1cm，横截面积大的容器需要的水多。

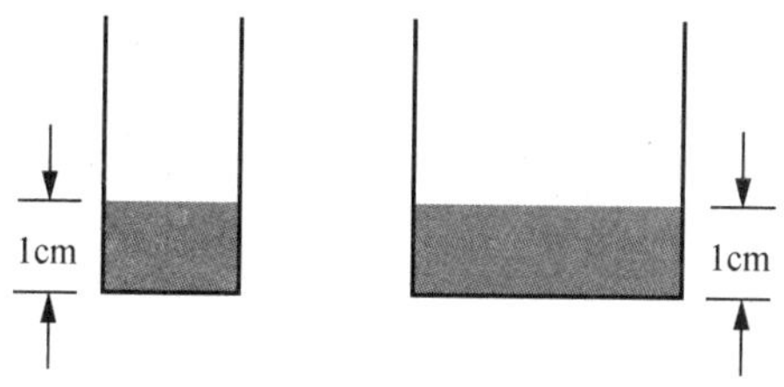

图3-29　用不同截面积的容器装水

有人根据计算式 $C=Q/U$，认为电容器所加电压越大，电容 C 就越小，这种说法对吗？为什么？

平行板电容器是最常见的电容器，如图3-30所示。如果把纸介电容器展开，可以发现它其实也是平行板电容器，之所以要卷绕成圆柱形是为了尽可能增大两块极板的面积。

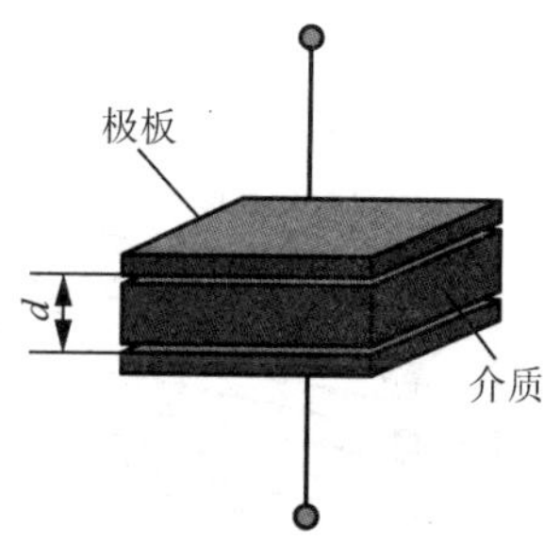

图3-30　平行板电容器的结构

电容器是电容器的固有属性，它只与电容器的极板正对面积、极板间距离以及极板间电介质的特性有关，而与外加电压的大小、电容器带电多少等外部条件无关。电介质的特性常用介电常数表示，符号为ε。电介质的介电常数越大，表明其对电荷的束缚能力越强。

设平行板电容器极板正对面积为 S，两极板间的距离为 d，极板间电介质的介电常数为ε，则平行板电容器的电容可按下式计算：

$$C=\frac{\varepsilon S}{d}$$

式中，S、d、C 的单位分别是 m^2 、m、F，介电常数ε的单位是 F/m。

真空中的介电常数 $\varepsilon_0 \approx 8.86\times10^{-12}$F/m。某种电介质的介电常数$\varepsilon$与 ε_0 之比，称该介质的相对介电常数，用 ε_r 表示，空气的相对介电常数约为 1，石蜡、油、云母等的相对介电常数 ε_r 较大。电容器的电介质可显著增大电容，而且能做成很小的极板间隔，因而应用很广，大地之间、电子元器件的引脚之间、导线与仪器的金属外壳之间都存在电容。上述这些电容通常称为分布电容（图 3-31）。由于它们两个“极板”之间距离较大，而且空气的介电常数ε又很小，因此这个电容就很小，一般可以忽略不计。

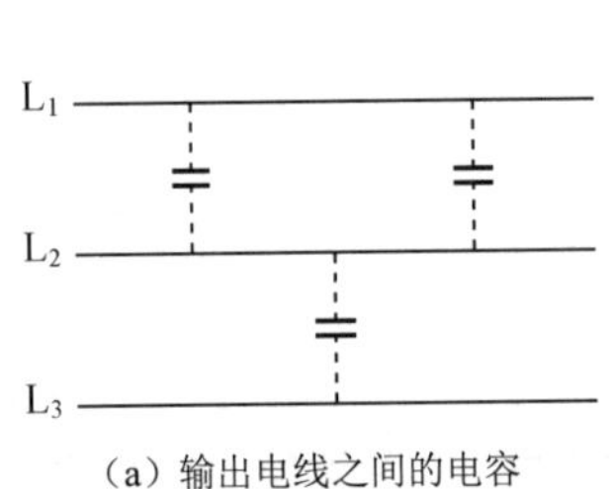

（a）输出电线之间的电容

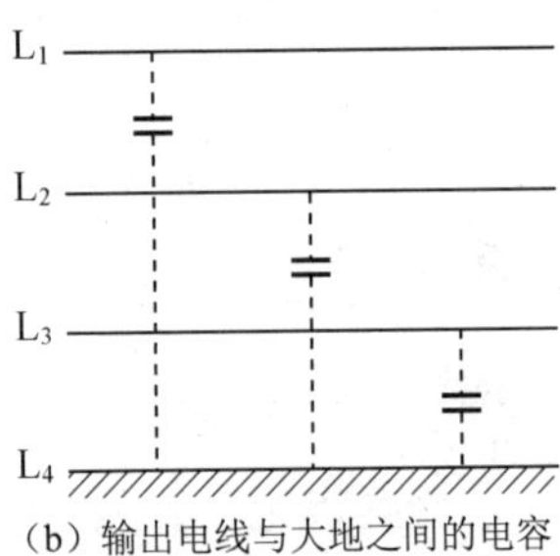

（b）输出电线与大地之间的电容

图 3-31　导体之间的分布电容

想一想

图 3-32 所示的贴片多层陶瓷电容器为什么采用多层结构？

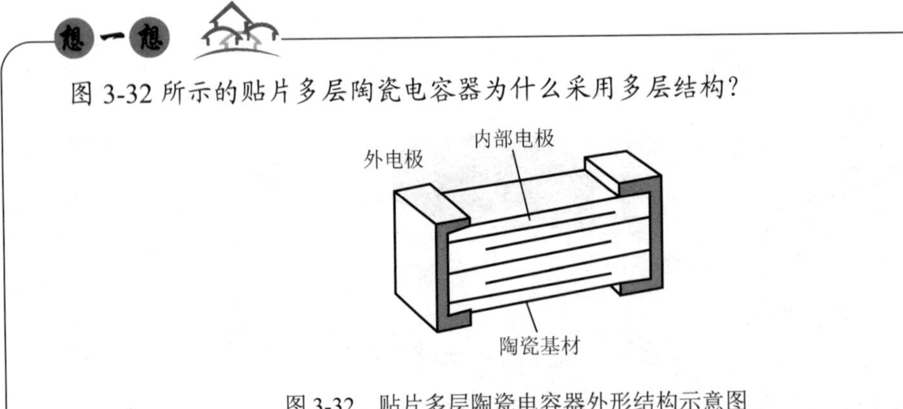

图 3-32　贴片多层陶瓷电容器外形结构示意图

3. 电容器的简易检测

电容器在电路中的故障发生率远高于电阻器，检测难度也较大。利用电容器的充放电特性可以大致判断大容量电容器的质量。

如图 3-33 所示，检测较大容量有极性电容器时，将万用表置于 $R\times 1\text{k}\Omega$ 电阻挡，将黑表笔接电容器正极，红表笔接电容器负极。若检测无极性电容器，则两支表笔可以不区分。具体的判断方法见表 3-3。

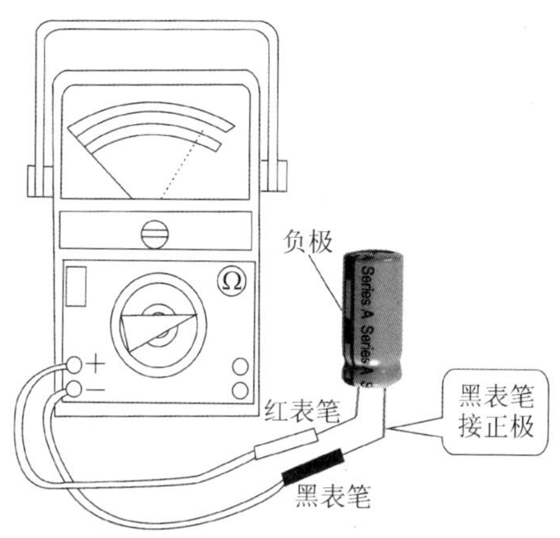

图 3-33　电容器的简易检测

表 3-3　测量结果说明

表针偏转情况	说明
∞ 0 $R\times 1\text{k}\Omega$挡	表针先向右偏转，然后向左回摆到底（阻值无穷大处）电容器正常
∞ 0 $R\times 1\text{k}\Omega$挡	表针向左回摆不到底，而是停在某一刻度上，则该阻值即为电容器的漏电阻值，其值越小，说明漏电越严重
∞ 0 $R\times 1\text{k}\Omega$挡	表针向右偏转到欧姆零位后不再回摆，说明电容器内部短路
∞ 0 $R\times 1\text{k}\Omega$挡	表针无偏转和回转，说明电容器内部可能已断路，或电容量很小，不足以使表针偏转

1）检测电容器时，不要接触表笔和电容器的引脚，以免人体电阻对检测结果造成影响。

2）如果在线检测大容量电容器，应在电路断电后，先用导线将被测电容器的两个引脚碰一下，放掉可能存在的电荷。对于容量很大的电容器，则要用 100Ω左右的电阻来放电。

3）小容量电容器漏电阻很大，测量时应采用 $R\times 10\text{k}\Omega$挡，这样测量结果较为准确。

3.4.2 电容对交流电的阻碍作用

如图 3-34 所示，先接通 6V 直流电源，HL_1 正常发光，HL_2 瞬间微亮，随即熄灭，说明直流电不能通过电容器。再改接 6V 交流电源，两只灯泡都亮，但灯泡 HL_1 要比 HL_2 亮得多。这说明交流电能“通过”电容器，同时电容器对交流电有阻碍作用，电容对交流电的阻碍作用称为容抗，用 X_C 表示，容抗的单位也是欧姆（Ω）。

容抗的大小与哪些因素有关呢？我们继续进行实验。

1）换用电容量更大的电容器来做实验，发现电容量越大，灯泡越亮，可见电容器的电容量越大，容抗越小。

2）保持电源电压大小不变，改变频率，发现频率越高，灯泡越亮，可见交流电的频率越高，电容器的容抗越小。

容抗的计算式为

$$X_C=\frac{1}{\omega C}=\frac{1}{2\pi fC}$$

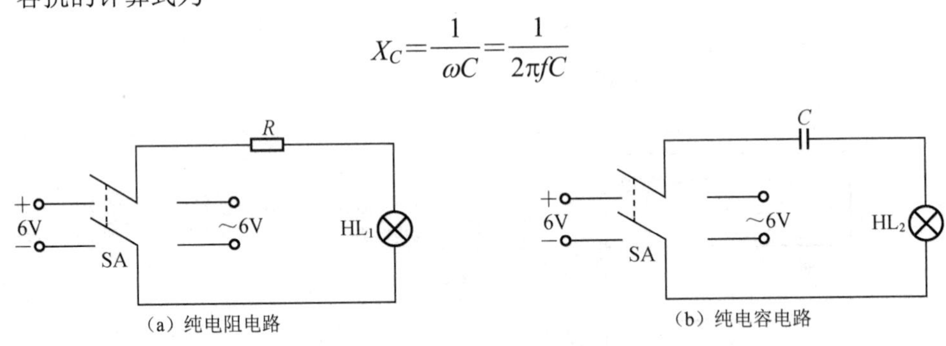

图 3-34 电容对交流电的阻碍作用

电容的容抗与频率的关系可以简单概括为“隔直流，通交流，阻低频，通高频”，因此电容也被称为高通元件。

3.4.3　电流与电压的关系

把电容器接到交流电源上，如果电容器的电阻等可以忽略不计，可以把这种电路近似地看做纯电容电路，如图 3-35（a）所示。

在纯电容电路中，电流与电压成正比，与容抗成反比，即

$$I=\frac{U}{X_C}$$

这就是纯电容电路欧姆定律的表达式。

设电压 u_C 为参考正弦量，电流 i 的瞬时值表达式为

$$i=C\frac{\Delta u_C}{\Delta t}$$

在纯电容电路中电压与电流的相量图和波形图如图 3-35（b）、（c）所示，对照波形图可见，在 u_C 从零增加的瞬间，电压变化率 $\frac{\Delta u_C}{\Delta t}$ 最大，电流 i 的值也最大。随着电压的增加，电压变化率逐渐减小，当 u_C 达到最大值时，电压变化率 $\frac{\Delta u_C}{\Delta t}$ 为零，电流 i 也变为零，其余可类推。

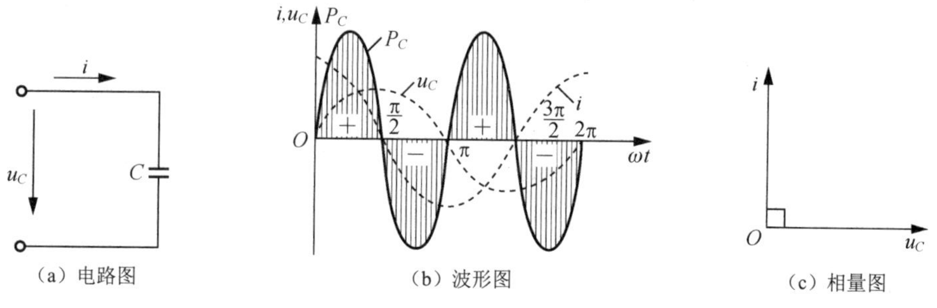

（a）电路图　（b）波形图　（c）相量图

图 3-35　纯电容电路

3.4.4　功率

将图 3-35（b）中 u 和 i 的波形的同一瞬间数值逐点相乘，便可得到功率曲线。

与纯电感电路的分析方法相同，可知电容也是储能元件。瞬时功率为正值，说明电容从电源吸收能量储存起来；瞬时功率为负值，说明电容又将能量返还给电源。

纯电容电路的平均功率为零，说明纯电容不消耗功率。

纯电容电路的无功功率为

$$Q_C=UI=I^2X_C=\frac{U^2}{X_C}$$

【例 3-4】容量为 40μF 的电容接在 $u=220\sqrt{2}\sin\left(314t-\frac{\pi}{6}\right)$V 的电容上，试求：

1）电容的容抗。

2）电流的有效值。

3）电流瞬时值表达式。

4）电路的无功功率。

解：1）电容的容抗为

$$X_C=\frac{1}{2\pi fC}=\frac{1}{2\times3.14\times50\times40\times10^5}\approx80\ (\Omega)$$

2）电流的有效值为

$$I=\frac{U}{X_C}=\frac{220}{80}=2.75\ (\text{A})$$

3）电流的瞬时值表达式为

$$i=2.75\sqrt{2}\sin\left(314t+\frac{\pi}{3}\right)\text{A}$$

4）电路的无功功率为

$$Q_C=UI=220\times2.75=605\ (\text{var})$$

课堂检测

一、填空题

1．由________很小而________很大的电容器组成的交流电路可以近似看做纯电容电路。

2．在纯电容电路中，电流与电压频率________，电压________电流 90°；电压有效值与电流有效值之间的关系为________。

3．电容器对交流电的阻碍作用称为________，其符号是________，单位为________。容抗与电源频率成________比，与电容器的电容量成________比；100pF 的电容器对频率是 10^6Hz 的高频电流和 50Hz 的工频电流的容抗分别是________和________。

4．纯电容正弦交流电路中，有功功率 $P=$________，无功功率 Q_C 与电流 I、电压 U_C、容抗 X_C 的关系为 $Q_C=$________。

5．一个电容器接在直流电源上，其容抗 $X_C=$________，电路稳定后相当于________。

6．在正弦交流电路中，已知流过电容元件的电流 $I=10$A，电压 $u=20\sqrt{2}\sin(1000t+60°)$V，则电流 $i=$________。

7．在正弦交流电路中，________元件上的电压与电流同相；________元件上的电压在相位上超前电流 90°；________元件上的电压在相位上滞后电流 90°。

二、选择题

1．在纯电容正弦交流电路中，当电容量一定时，则（　　）。

A．频率越高，容抗越大　　B．频率越高，容抗越小

C．容抗与频率无关　　D．以上均不正确

2．在纯电容正弦交流电路中，当电源电压及频率一定时，则（　　）。

A．电容器的电容量越大，电路中的电流就越大

B．电容器的电容量越大，电路中的电流就越小

C．电流的大小与电容量的大小无关

D．电流大小不确定

3．在纯电容正弦交流电路中，增大电源频率时其他条件不变，电路中的电流将（　　）。

A．增大　　B．减少　　C．不变　　D．不确定

4．在纯电容正弦交流电路中，下列各式正确的是（　　）。

A．$i=\dfrac{U_C}{X_C}$　　B．$i=\dfrac{U_C}{\omega C}$　　C．$I=\dfrac{U_C}{\omega C}$　　D．$I=\omega C U_C$

5．若电路中某元件两端的电压 $u=36\sin\left(314t-\dfrac{\pi}{2}\right)\text{V}$，电流 $i=4\sin(314t)\text{A}$，则该元件是（　　）。

A．电阻　　B．电感　　C．电容　　D．以上均不正确

6．加在容抗为 100Ω的纯电容两端的电压 $u_C=100\sin\left(\omega t-\dfrac{\pi}{3}\right)\text{V}$，则通过它的电流应该是（　　）。

A．$i_C=\sin\left(\omega t+\dfrac{\pi}{3}\right)\text{A}$　　B．$i_C=\sin\left(\omega t+\dfrac{\pi}{6}\right)\text{A}$

C．$i_C=\sqrt{2}\sin\left(\omega t+\dfrac{\pi}{3}\right)\text{A}$　　D．$i_C=\sqrt{2}\sin\left(\omega t+\dfrac{\pi}{6}\right)\text{A}$

7．若电路中某元件两端的电压 $u=100\sin(314t-180°)\text{V}$，电流 $i=5\sin(314t+180°)\text{A}$，则该元件是（　　）。

A．电阻　　B．电感　　C．电容　　D．二极管

三、简答题

为什么说电容器具有“通交隔直”的作用？

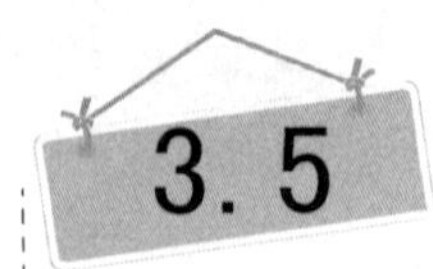

3.5 常用照明电路

3.5.1 常用照明方式

1. 一般照明

一般照明指无特殊要求，为整个被照场所而设置的照明。走廊、教室、办公室等属于一般照明。

2. 局部照明

局部照明指局限于某一工作部位的照明。机床上的工作灯、写字台上的台灯等属于局部照明。

3. 混合照明

由一般照明和局部照明共同组成的照明称混合照明。工厂里的车间，除了对车间大面积均匀布光外，还对产生机械做局部照明。

此外，还有事故照明、障碍物照明等特殊的照明方式。

3.5.2 常用照明灯具

使用极为广泛的照明灯具是白炽灯和荧光灯，此外还有卤钨灯、高压汞灯、高压钠灯等。目前，各种节能灯及LED灯的使用已日益普及，见表3-4。

表3-4 常用照明灯具

名称	实物	特点及应用场合
白炽灯		构造简单，安装方便，显色性好，但发光效率低，使用寿命较短
荧光灯		发光效率高，使用寿命长，但结构复杂，有闪烁现象，低压时不易启动

续表

名称	实物	特点及应用场合
卤钨灯		构造简单，工作可靠，光色好，体积小，功率较大，但发光功率较低，灯管温度高，适用于大范围照明
高压汞灯		功率较大，耐热，但显色性较差，自动时间长，工作不稳定，易自熄，适用于室外照明
高压钠灯		发光效率高，但显色性差，工作不稳定，易自熄，适用于公路、航道及机场照明
节能灯		发光效率高，节能效果明显
LED 灯		亮度高，耐振动，使用寿命长，可在低压下工作，适用于交通信号灯、汽车尾灯、建筑物轮廓照明及各种装饰照明

3.5.3 荧光灯电路

荧光灯电路由荧光灯管、镇流器、启辉器等组成，如图 3-36 所示。

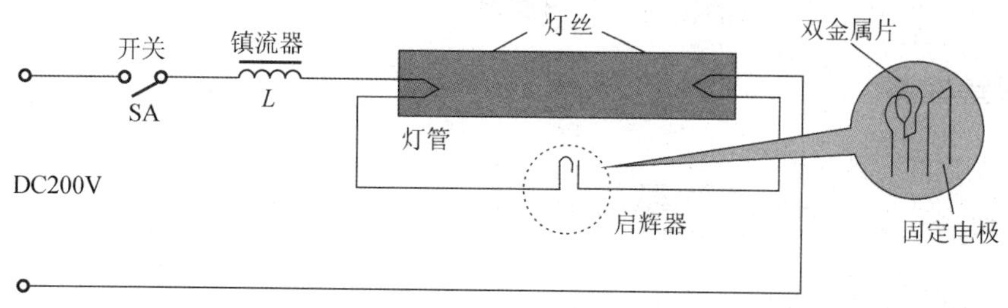

图 3-36　荧光灯电路

荧光灯的起辉过程如图 3-37 所示。

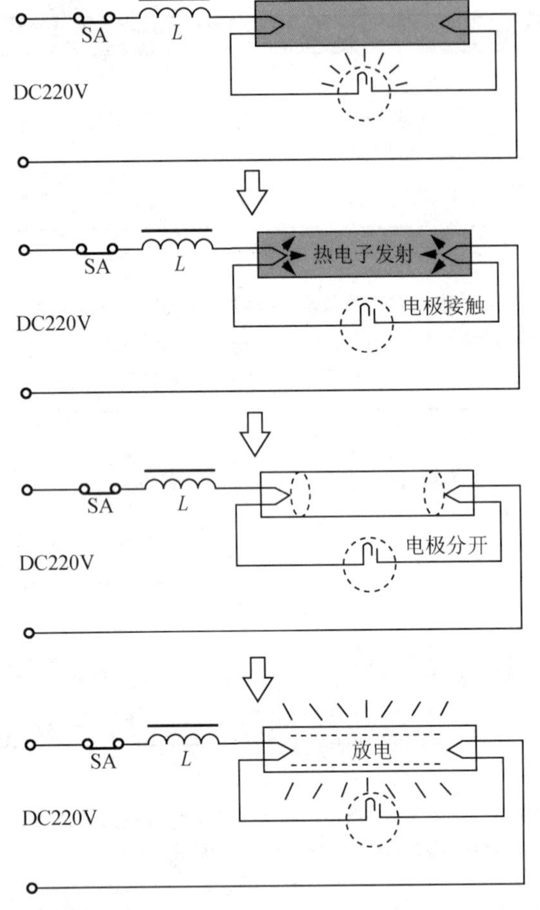

辉光发电：
当合上开关时，线路上的电压全部加在启辉器的两端，使启辉器发生辉光发电（一种低压气体显示辉光的气体放电现象）。

热电子发射：
辉光放电所产生的热量使启辉器中的双金属片变形，并与固定电极接触，使电路接通，电流通过镇流器与灯丝，灯丝经加热后发射电子。

产生高电压：
启辉器的双金属片与固定电极接触后，启辉器停止放电，氖泡温度下降，双金属片因温度下降而断开。在启辉器断开的瞬间，镇流器线圈产生一个瞬时高压，这个电压与线路电压一起加在荧光灯两极。

荧光灯点亮：
热电子在高电压作用下，加速撞击灯管内汞原子而产生紫外线，又激励管壁上的荧光物质，使之发出可见光。

图 3-37　荧光灯启辉过程

有些荧光台灯中没有安装启辉器，实际上它是用手动机构替代了启辉器的通断动作。近年来有许多新型荧光灯，不仅有各种不同的管形设计，有的还用新颖小巧的电子镇流器取代了原来比较笨重的镇流器和启辉器。

课堂检测

1．常用的照明方式有________、________、________。

2．使用广泛的照明灯具是白炽灯和荧光灯，此外还有________、________、________。

3．节能灯的特点及应用场合为________。

4．LED 灯的特点及使用场合是________。

5．荧光灯电路由________、________、________等组成。

6．荧光灯的起辉过程分为________、________、________、________4个步骤。

1．正弦交流电的三要素：最大值（瞬时值）、角频率（频率、周期）、初相位。三要素描述了正弦交流电的大小、变化快慢和起始状态。

交流电在1s内完成周期性变化的次数叫做交流电的频率。

交流电每秒所变化的角度（电角度），叫做交流电的角频率。

2．周期、频率和角频率之间的关系如下：

$$f=\frac{1}{T}$$

$$T=\frac{2\pi}{\omega}$$

$$\omega=2\pi f$$

3．正弦交流电的有效值和最大值之间有如下关系：

$$E=\frac{E_m}{\sqrt{2}}=0.707E_m$$

$$U=\frac{U_m}{\sqrt{2}}=0.707U_m$$

$$I=\frac{I_m}{\sqrt{2}}=0.707I_m$$

4．两个同频率交流电的相位之差叫相位差，用字母φ表示，即

$$\varphi=(\omega t+\varphi_1)-(\omega t+\varphi_2)=\varphi_1-\varphi_2$$

两个同频率交流电的相位关系一般为超前、滞后、同相、反相、正交。

5．正弦交流电的表示方法。

① 解析式表示法。正弦交流电的电动势、电压和电流的瞬时值表达式就是正弦交流电的解析式。

$$i_t=I_m\sin(\omega t+\varphi_i)$$

$$u_t=U_m\sin(\omega t+\varphi_u)$$

$$e_t=E_m\sin(\omega t+\varphi_e)$$

② 波形图表示法。正弦交流电还可以用与解析法相对应的正弦曲线来表示。从波形图中可以看出交流电的最大值、周期和初相位。

③ 矢量图表示法。正弦交流电也可以用旋转矢量图来表示。

6．纯电阻正弦交流电路。

在纯电阻正弦交流电路中，电压与电流同相位，即相位差$\varphi=0$，电压与电流的有效值关系为$I=U/R$。有功功率（即平均功率）为$P=UI=I^2R=U^2R$。

7．纯电感正弦交流电路。在纯电感正弦交流电路中，电压在相位上比电流超前 90°，电压与电流有效值的关系为 $I=U/X_L$，其中 $X_L=2\pi fL=\omega L$，称为感抗。有功功率为零。无功功率 $Q_L=U_L I=I^2 X_L=U_L^2/X_L$，单位为 var、kvar。

8．纯电容正弦电流电路。在纯电容正弦交流电路中，电压在相位上比电流滞后 90°，电压与电流有效值的关系为 $I=U_C/X_C$，其中 $X_C=1/\omega C=1/2\pi fC$ 称为容抗。有功功率为零。无功功率 $Q_C=U_C I=I^2 X_C=U_C^2/X_C$，单位为 var 和 kvar。

1．直流电和交流电有什么区别？

2．什么叫交流量的瞬时值和最大值？各有什么特点？

3．什么叫正弦交流量的周期和频率？两者有什么关系？

4．工频交流电的频率是多少？周期是多少？

5．正弦交流量的三要素是什么？

6．什么叫正弦交流量的相位和初相，它们与该正弦量的计时起点是否有关？与正弦量的参考方向的选择是否有关？

7．什么叫角频率？它和周期、频率有什么关系？

8．什么叫做正弦量的相位差？它与正弦量的计时起点是否有关？

9．超前、滞后、同相、反相、正交各表示什么意思？

10．什么叫正弦交流电的有效值？正弦交流电的有效值与最大值之间有什么关系？

11．把额定电压为 220V 的灯泡分别接到 220V 的交流电源和直流电源上，则灯泡的亮度有无区别？

12．已知某正弦电压的振幅 $U_m=310\text{V}$，频率 $f=50\text{Hz}$，初相 $\varphi=-30°$，试写出此电压的瞬时值表达式，给出波形图。

13．指出下列正弦量的最大值、角频率、频率、周期和初相位。

（1）$u_1=110\sin(314t+30°)\text{V}$；

（2）$i_1=10\sin(50t+135°)\text{A}$；

（3）$i_2=20\sin(2\pi\times 50t-240°)\text{A}$。

14．已知正弦量分别如下：

（1）$U_m=311\text{V}$，$f=50\text{Hz}$，$\varphi=135°$；

（2）$I_m=100\text{A}$，$f=100\text{Hz}$，$\varphi=-90°$。

试分别写出其瞬时值函数表达式。

15．一只“220V，60W”的白炽灯泡，接在电压 $u=200\sqrt{2}\sin\left(314t+\dfrac{\pi}{6}\right)\text{V}$ 的电源上，试求流过灯泡的电流。写出电流的瞬时值表达式，画出电压、电流的相量图。

16．在题图 3-1 所示电路中，已知 L=63.7mH，$u=141\sin(314t+30°)$V，求交流电流表、交流电压表的读数，写出电流的瞬时值表达式，画出电压、电流的相量图。

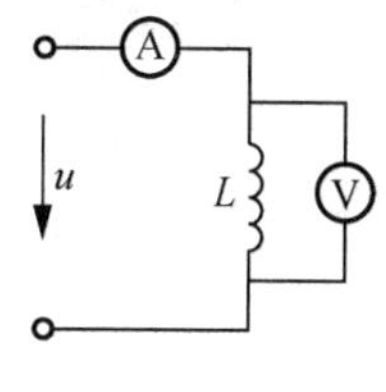

题图 3-1

17．一个 L=0.5H 的线圈接在 220V、50Hz 的交流电源上，求线圈中的电流和无功功率。当电源频率变为 100Hz，其他条件不变时，线圈中的电流又是多少？

18．在题图 3-2 中，各电容器的电容、电源的电压、交流电的频率均相等，则哪一个安培表的读数最大？哪一个最小？为什么？

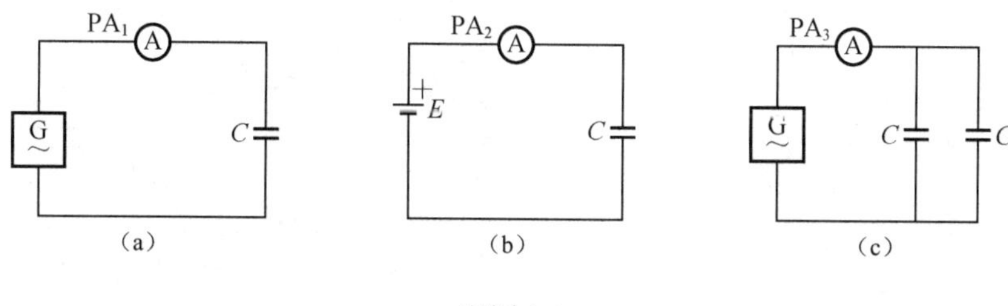

题图 3-2

19．在一个 1μF 的电容器两端加 $u=70.7\sqrt{2}\sin(314t-30°)$V 的正弦电压，求通过电容器的电流有效值及瞬时值表达式，画出电压、电流相量图。

4 单元 三相交流电

>>>>

◎ 教学情境

观察电力供电线路所采用的架空线和电缆线，可以发现它们通常由3根线组成。工矿企业大量使用的三相异步电动机，在其接线盒的出线端，也要接入3根电源线（图4-1）。在这里，电力供电线路所输送的和三相异步电动机所接入的都是三相交流电。什么是三相交流电呢？概括地说，三相交流电就是3个单相交流电按一定方式进行的组合，这3个单相交流电的频率相同，最大值相等，相位彼此相差120°。

（a）架空线

（b）三相异步电动机电源线

图4-1　三相输电线

◎ 教学重点

- 了解三相交流电的产生及表示方法。
- 掌握三相负载的连接方式及电压、电流的计算方法。
- 了解电力系统发电、输电和配电的基本知识。

◎ 教学目标

项目教学目标		教学方式	建议学时
技能目标	1．认识三相交流电； 2．会连接三相负载； 3．认识输配电装置	教师演示、学生动手操作	4
知识目标	1．了解三相交流电的产生及表示方法； 2．掌握三相负载的连接方式及电压、电流的计算方法； 3．了解电力系统发电、输电和配电的基本知识	教师讲授、学生练习、课堂检测	10
情感目标	1．培养学生严谨的学习态度．追寻真理的精神； 2．激发学生学习兴趣，培养学习积极性； 3．培养学生良好的职业习惯； 4．培养学生的团队协作精神； 5．牢固树立安全用电意识	言传身教、潜移默化	2

三相交流电概述

目前绝大多数电能的产生、输送和分配采用三相交流电。和单相交流电相比，三相交流电具有以下优点：

1）三相发电机比体积相同的单相发电机输出的功率要大。

2）三相发电机的结构不比单相发电机复杂多少，但使用、维护都比较方便，运转时比单相发电机的振动要小。

3）在同样条件下输送同样大的功率，特别是在远距离输电时，三相输电比单相输电节约材料。

4）从三相电力系统中可以很方便地获得 3 个独立的单相交流电。当有单相负载时，可使用三相交流电中的任意一相。

4.1.1　电动势的产生

三相交流电动势是由三相交流发电机产生的。图 4-2（a）所示为三相交流发电机的原理示意图。它主要由定子和转子组成。转子是电磁铁，其磁极表面的磁场按正弦规律分布。定子铁心中嵌放 3 个在尺寸、匝数和绕法上完全相同的绕组，三相绕组始端分别用 U1、V1、W1 表示，末端用 U2、V2、W2 表示，分别称为 U 相、V 相、W 相，发电机的 3 根引出线分别以黄（U）、绿（V）、红（W）3 种颜色作为标志。3 个绕组在空间位置上彼此相隔 120°。

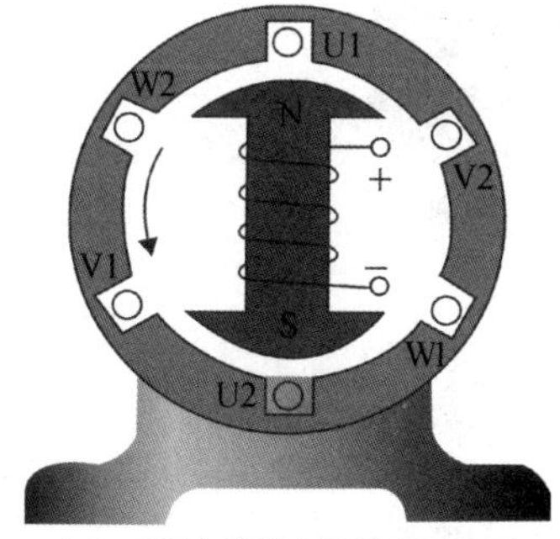

（a）三相交流发电机原理示意图

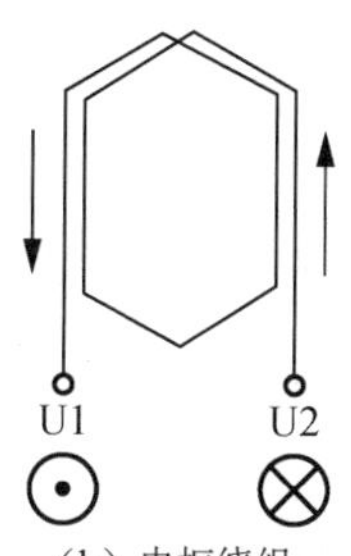

（b）电枢绕组

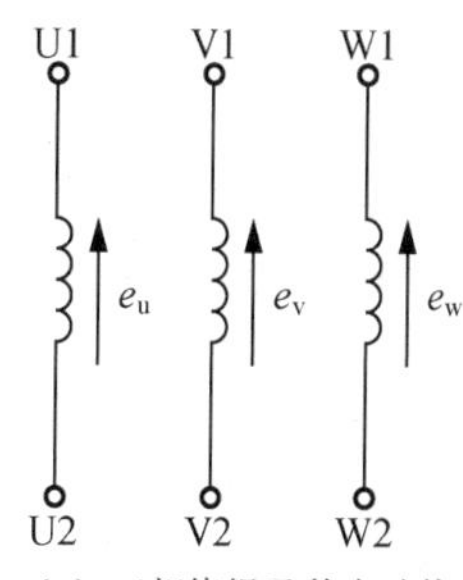

（c）三相绕组及其电动势

图 4-2　三相交流发电机

当转子在原动机带动下以角度速度ω做逆时针匀速转动时，三相定子绕组依次切割磁感应线，产生 3 个对称的正弦交流电动势，其解析式为

$$\begin{cases} e_u = e_m \sin(\omega t + 0^\circ) \\ e_v = e_m \sin(\omega t - 120^\circ) \\ e_w = e_m \sin(\omega t + 120^\circ) \end{cases}$$

e_u 、e_v、e_w 的波形图和相量图如图 4-3 所示。

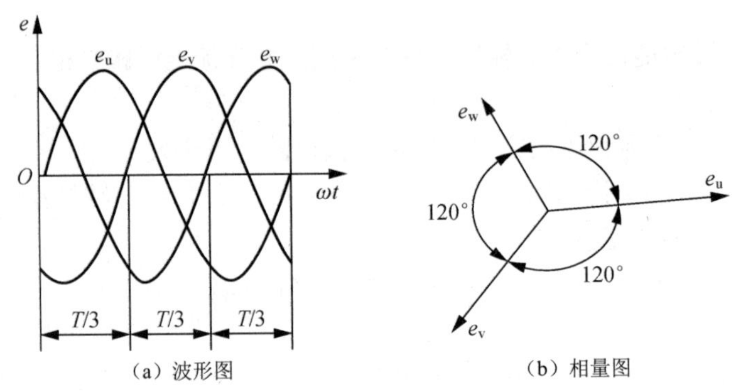

（a）波形图　　（b）相量图

图 4-3　三相对称电动势的波形图和相量图

3 个交流电动势到达最大值（或零）的先后次序称为相序，如按 U→V→W→U 的次序循环称为正序；按 U→W→V→U 的次序循环则称为负序。规定每相电动势的正方向是从线圈的末端指向始端［图 4-2（b）］，即电流从始端流出时为正，反之为负。

三相异步电动机接入电源线时，必须使电源相序与电动机绕组相序相同，即电动机出线端 U1、V1、W1 分别与电源 L1（黄）、L2（绿）、L3（红）相线连接，这样才能保证电动机的旋转方向正确。如果按负序连接，则电动机的旋转方向相反（图 4-4）。

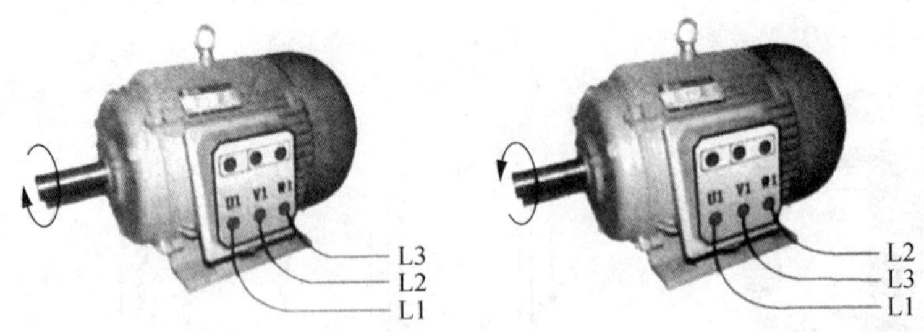

图 4-4　电动机旋转方向与电源相序的关系

依据三相对称交流电动势的相量图判断：$e_u + e_v + e_w = ?$

4.1.2　三相四线制

上述发电机的每个线圈各接上一个负载，就得到 3 个独立的单相电路，如图 4-5 所示，这样要用 6 根导线，很不经济。目前在低压供电系统中多数采用三相四线制供电，如图 4-6（a）所示，三相四线制的接法是把发电机的 3 个线圈的末端连接在一起，成为一个公共端点，这个公共端点称为中性点，用符号 N 表示。从中性点引出的输电线称为中性线，简称中线。中性线通常与大地连接，并把接地的中性点称为零点，接地的中性线称为零线。零线或中性线所用导线一般用蓝色（旧标准中常用黑色）表示。从 3 个线圈始端引出的输电线称为端线或相线，俗称火线。有时为了简便，常不画发电机的线圈连接方式，只画 4 根输电线表示相序，如图 4-6（b）所示。

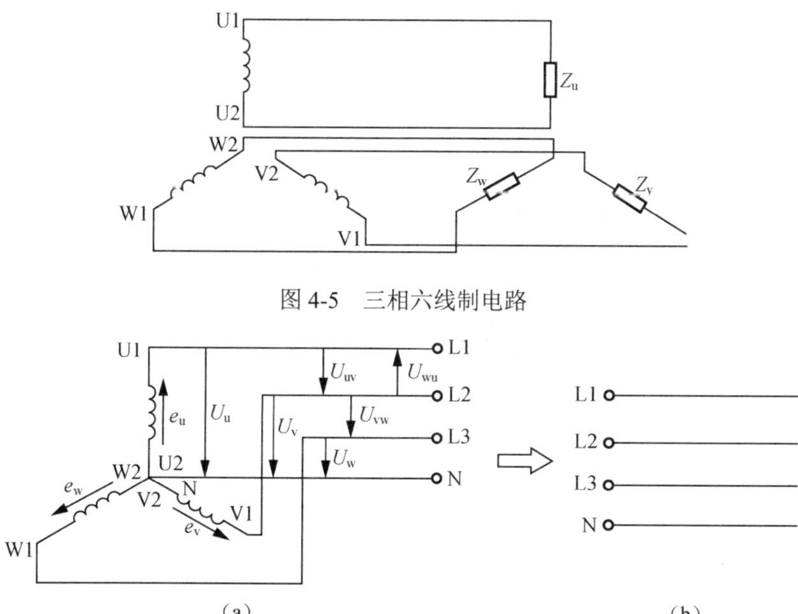

图 4-5　三相六线制电路

图 4-6　三相四线制电路

三相四线制供电可输送两种电压，一种是相线与相线之间的电压，称线电压，分别用 U_{uv}、U_{vw}、U_{wu} 表示；另一种是相线与中性线之间的电压，称相电压，分别用 U_u、U_v、U_w 表示。

线电压与相电压之间的关系为 $U_{uv}=U_u-U_v$，$U_{vw}=U_v-U_w$，$U_{wu}=U_w-U_u$。其相量图如图 4-7 所示，可见 3 个线电压也是对称三相电压，其有效值为 $U_L=\sqrt{3}U_P$。

从图 4-7 可以看出，线电压总是超前对应的相电压 30°。

发电机（或变压器）的绕组采用三相四线制供电，可以提供两种对称三相电压，一种是对称的相电压，另一种是对称的线电压。目前电力电网的低压供电系统中的线电压为 380V，相电压为 220V，常写做“电源电压 380/220V”。

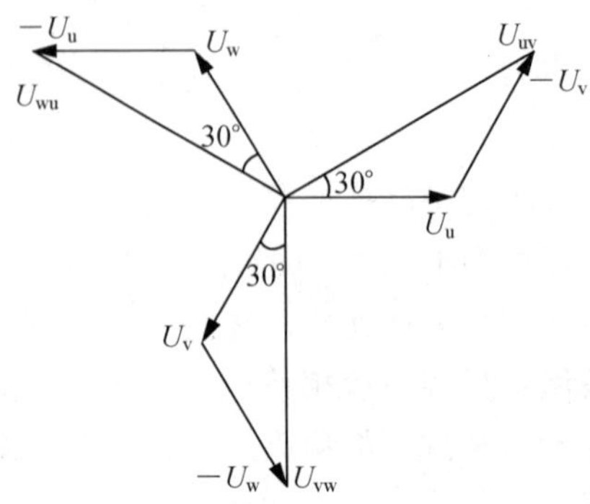

图 4-7　三相四线制线电压与相电压的相量图

4.1.3　三相五线制

三相五线制是在三相四线制的基础上，另增加一根专用保护线（称为保护零线，用 PE 表示）与接地网相连，能更好地起到保护作用（图 4-8）。保护零线一般用黄绿相间色作为标志。按照规范，单相三孔插座的接线必须遵循“左零（N）右相（L）上接地（PE）”的原则（图 4-9）。图 4-10 所示为三相五线制供电系统示意图。

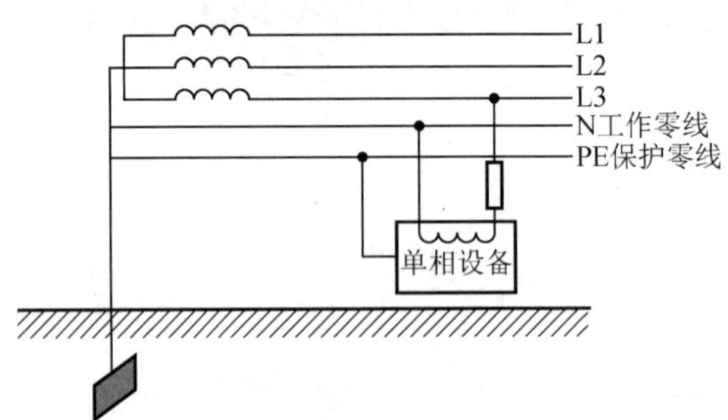

图 4-8　三相五线制供电

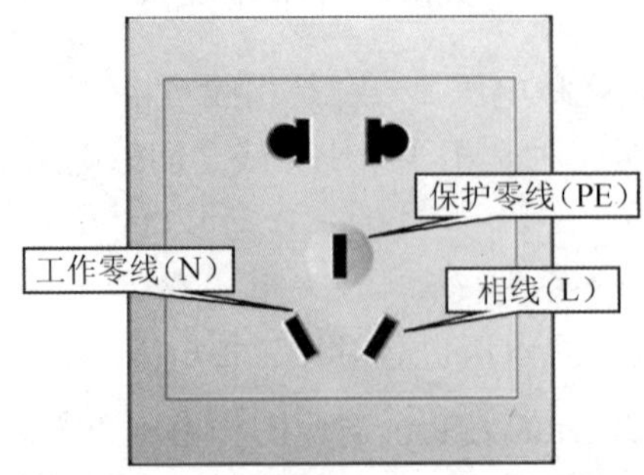

图 4-9　单相三孔插座

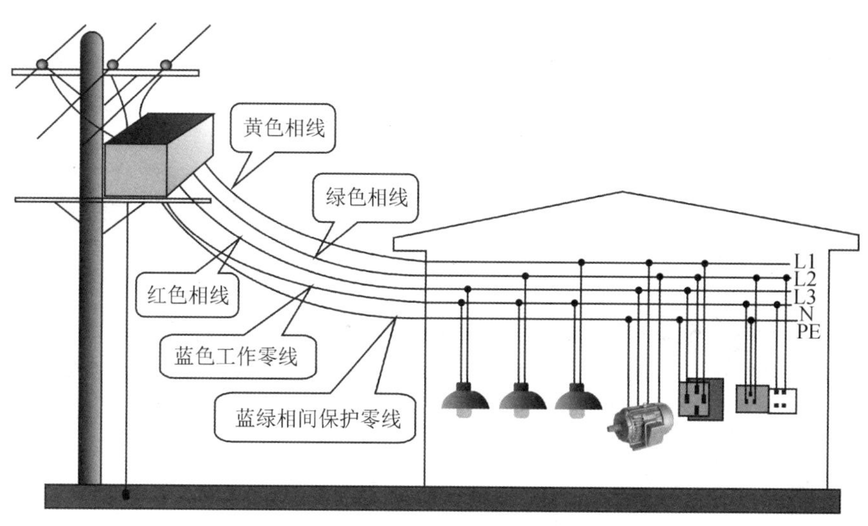

图4-10　三相五线制供电系统示意图

课堂检测

1．目前绝大多数电能的产生、分配、输送采用________。

2．三相交流电动势是由________产生的。

3．三相交流发电机主要由________和________组成。

4．三相交流发电机的转子是________，其磁极表面的磁场按________规律分布。

5．三相交流发电机的线圈绕组在________、________和________完全相同。

6．三相交流电动势的解析式为________、________、________。

7．三相交流电的正相序为________，负相序为________。

8．三相四线制的接法是把发电机3个线圈的________接在一起，成为一个公共端点，这个公共端点称为________，用符号________表示。

9．从中性点引出的输电线称为________，零线是________的中性线，从3个线圈始端引出的输电称为________，俗称________。

10．三相四线制可以输送两种电压，一种是相线与________之间的电压叫________，用符号________表示，另一种是相线与________之间的电压叫________，用________表示。

11．在三相四线电路中，线电压与相电压的关系是________。

12．单相三孔插座的接线必须遵循“左________右________上________”的原则。

13．三相五线制是在三相四线制的基础上，另加一根________线，也称________线，用________表示。

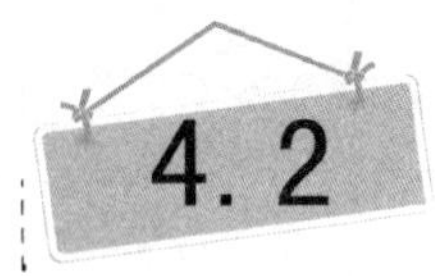

4.2 三相负载的连接方式

工厂中许多电气设备都需要由三相电源供电，这样的负载称为三相负载。如果各相负载的电阻、电抗相同，则称为三相对称负载，如三相电动机、三相变压器、三相电阻炉等。

三相负载的阻抗值相等，能确定它们就是对称负载吗？为什么？

使用任何电气设备，均要求负载承受的电压不能超过它的额定电压，所以负载要采用一定的连接方式，以满足其对电压的要求，三相负载的连接方式有两种：星形（Y）联结和三角形（△）联结。

由图 4-11 所示两台三相异步电动机的铭牌可知，其中一台电动机采用星形联结，另一台电动机采用三角形联结。

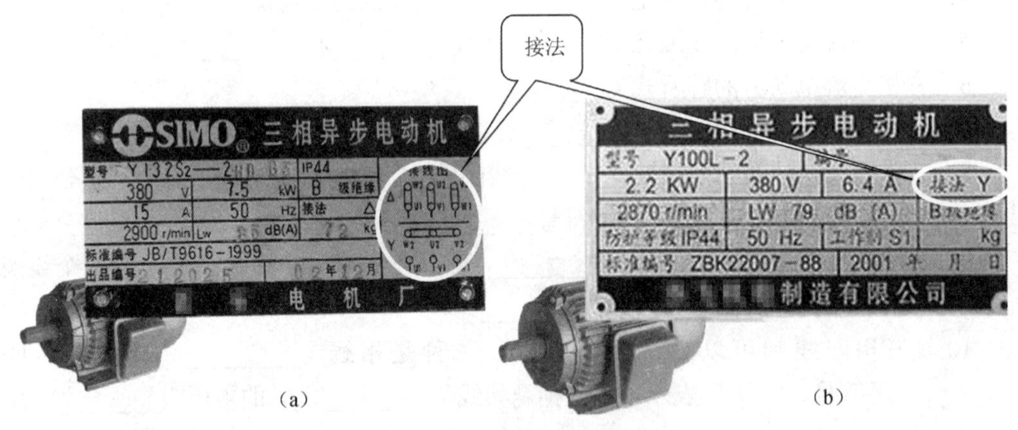

（a） （b）

图 4-11 两台三相异步电动机的铭牌

4.2.1 三相负载的星形联结

把三相负载分别接在三相电源的一根粗线和中性线之间的接法称为三相负载的星形联结，如图 4-12（a）所示。图中 Z_u、Z_v、Z_w 为各负载的阻抗，N_1 为负载的中性点。

负载两端的电压称为负载的相电压。当三相负载做星形联结时，如果忽略输电线上的电压降，负载的相电压就等于电源的相电压，电源的线电压为负载相电压的$\sqrt{3}$倍，即 $U_L=\sqrt{3}\,U_{YP}$，式中 U_{YP} 表示负载星形联结时的相电压。

流过每根相线的电流称为线电流，其方向规定为由电源流向负载；流过每相负载的电流称为相电流，其方向规定为与相电压方向一致；流过中性线的电流称为中性线电流，其方向规定为由负载中性点 N_1 流向电源中性点 N。

显然，三相负载做星形联结时，线电流等于相电流，即

$$I_{YL}=I_{YP}$$

若三相负载对称，则各负载中的相电流也相等，而且 3 个相电流的相位差互为 120°。

中性线电流为各相电流的相量和，由图 4-12（b）所示相量图很容易得出 3 个相电流的相量和为零，即

$$\dot{I}_N=\dot{I}_u+\dot{I}_v+\dot{I}_w=0$$

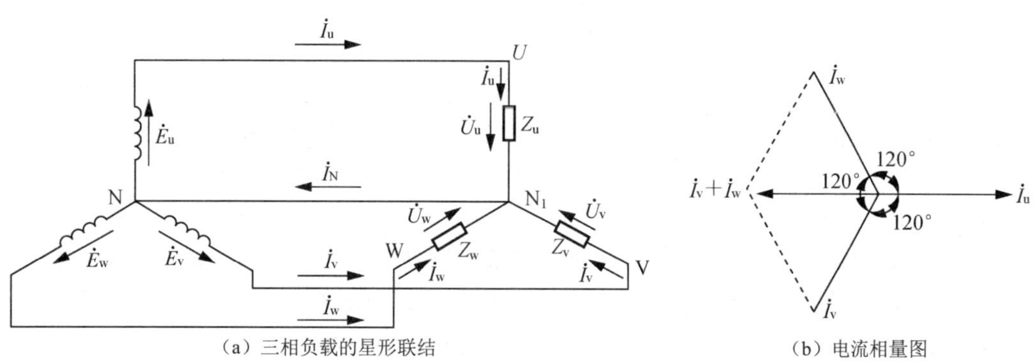

（a）三相负载的星形联结　　（b）电流相量图

图 4-12　三相负载的星形联结及电流相量图

【例 4-1】已知在星形联结的三相异步电动机上的对称电源线电压为 380V，每相电阻为 6Ω，感抗为 8 Ω，求流入电动机每相绕组的相电流及各线电流。

解：电路图参照图 4-12（a），由于电源电压对称，各相负载也对称，因此各相电流应相等。

因为

$$U_{YP}=\frac{U_L}{\sqrt{3}}=\frac{380}{\sqrt{3}}\approx 220\ (\text{V})$$

$$Z=\sqrt{R^2+X^2}=\sqrt{6^2+8^2}=10\ (\Omega)$$

所以

$$I_{YP}=\frac{U_{YP}}{Z}=\frac{220}{10}=22\ (\text{A})$$

$$I_{YL}=I_{YP}=22\ (\text{A})$$

星形联结的特点可以归纳如下：

1）三相对称负载星形联结时，各相负载相电压相等，均等于电源相电压。

2）三相对称负载星形联结时，流过三相对称负载的各相电流相等，线电流的大小等于相电流。

3）三相不对称负载星形联结有中性线时，流过三相不对称负载的各相电流不相等，中性线电流不等于零。

4）三相不对称负载星形联结有中性线时，各相负载相电压相等，均等于电源相电压，各相负载能正常工作。

5）三相不对称负载星形联结无中性线时，各相负载相电压不相等，阻抗小的负载相电压减小，阻抗大的负载相电压增大，各相负载不能正常工作。

中性线的作用

在三相四线制供电系统中，采用三相对称负载星形联结时，中性线电流为零，因此取消中性线也不会影响三相负载的正常工作，三相四线制实际变成了三相三线制。通常在高压输电时，由于三相负载都是对称的三相变压器，因此采用三相三线制。低压供电系统中的动力负载也采用这种供电方式。

但在低压供电系统中，有些三相负载经常要变动（如照明电路中的灯具经常要开和关），是不对称负载，各相电流的大小不一定相等，相位差也不一定为 120°，中性线电流也不为零，中性线不能取消。只有中性线存在，才能保证三相电路成为 3 个互不影响的独立回路，不会因负载的变动而相互影响。中性线断开后，各相电压就不再相等了，阻抗较小的相电压低，阻抗较大的相电压高，这可能烧坏连接在相电压升高线路中的电器，因此在三相负载不对称的低压供电系统中，不允许在中性线上安装熔断器或开关，而且中性线常用钢丝制成，以免中性线断开引起事故。当然，要使三相负载平衡以减小中性线电流，如在三相照明电路中，安装负载时应尽量使各相负载接连对称，此时中性线电流一般小于各相电流，中性线导线可以选用比 3 根端线截面小一些的导线。

4.2.2 三相负载的三角形联结

把三相负载分别接在三相电源每两根相线之间的接法称为三相负载的三角形联结，如图 4-13（a）所示。在三角形联结中，由于各相负载是接在两根相线之间，因此不论负载是否对称，各相负载的相电压均与电源的线电压相等，即

$$U_{\triangle P}=U_L$$

图 4-13（a）中所标 I_u、I_v、I_w 为线电流，I_{wu}、I_{uv}、I_{vw} 为相电流。图 4-13（b）是以

I_{uv} 的初相位为零做出的相量图。从相量图可求得 3 个相电流和 3 个线电流都是数值相等且相位互差 120° 的三相对称电流。线电流和相电流的关系为

$$I_{\triangle L}=\sqrt{3}\,I_{\triangle P}$$

从图 4-13（b）可以看出，线电流总是滞后于相应的相电流 30°。

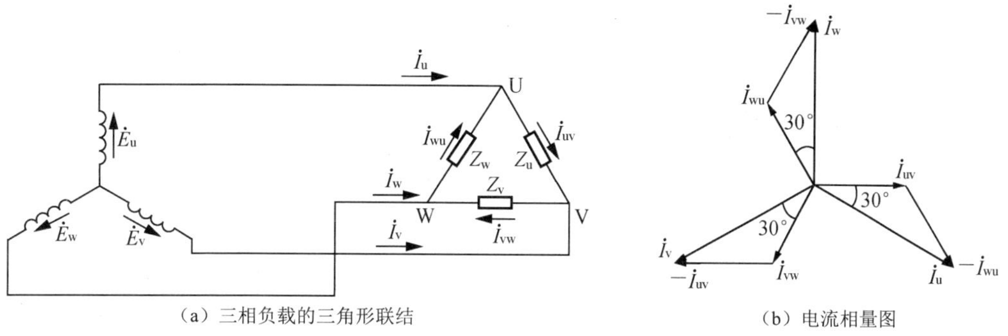

（a）三相负载的三角形联结　　（b）电流相量图

图 4-13　三相负载的三角形联结及电流相量图

【例 4-2】 将例 4-1 中电动机二相绕组改为三角形联结后，接入电源，其他条件不变。试求各相电流、线电流的大小，并与星形联结时进行比较。

解： $Z=\sqrt{R^2+X^2}=\sqrt{6^2+8^2}=10$（Ω）。

在三角形联结中，负载的相电压等于电源的线电压，因而

$$I_{\triangle P}=\frac{U_{\triangle P}}{Z}=\frac{380}{10}=38\text{（A）}$$

$$I_{\triangle L}=\sqrt{3}\,I_{\triangle P}\approx 66\text{（A）}$$

则电动机三相绕组分别接成星形和三角形时，相应的相电流、线电流的比值为

$$\frac{I_{\triangle P}}{I_{YP}}=\frac{38}{22}\approx\sqrt{3}$$

$$\frac{I_{\triangle L}}{I_{YL}}=\frac{66}{22}=3$$

所以，电动机三相绕组接成三角形时的相电流是接成星形时相电流的 $\sqrt{3}$ 倍，接成三角形时的线电流是接成星形时线电流的 3 倍。

三角形联结的特点可以归纳如下：

1）三相对称负载三角形联结时，各相负载相电压均等于电源线电压；3 根相线的线电流相等，三相负载的相电流相等。

2）三相不对称负载三角形联结时，各相负载相电压均等于电源线电压，3 根相线的线电流不相等，三相负载的相电流不相等。

三相对称负载做三角形联结时的相电压是做星形联结时相电压的$\sqrt{3}$倍。因此，三相负载接到电源中，是做三角形联结还是做星形联结，要根据负载的额定电压而定。例如，对于“380/220V”三相电源来说，当三相负载的额定电压为 220V 时，应采用星形联结；当三相负载的额定电压为 380V 时，应采用三角形联结。

4.2.3 三相负载的功率

在三相交流电源中，三相负载的有功功率为各相有功功率之和，即

$$P=P_{u}+P_{v}+P_{w}$$

在对称三相电路中，各相负载的相电压、相电流的有效值相等，功率因数也相等，因而总有功功率为一相有功功率的 3 倍，即

$$P=3P_{P}=3U_{P}I_{P}\cos\varphi_{P}$$

在实际工作中，测量线电流比测量相电流要方便些（指三角形联结的负载），因此三相功率的计算式通常用线电流、线电压来表示。

当对称负载做星形联结时，有功功率为

$$P_{Y}=3U_{YP}I_{YP}\cos\varphi_{P}=3\cdot\frac{U_{L}}{\sqrt{3}}I_{YL}\cos\varphi_{P}=\sqrt{3}\,U_{L}I_{L}\cos\varphi_{P}$$

当对称负载做三角形联结时，有功功率为

$$P_{\triangle}=3U_{\triangle P}I_{\triangle P}\cos\varphi_{P}=3U_{L}\frac{I_{\triangle L}}{\sqrt{3}}\cos\varphi_{P}=\sqrt{3}\,U_{L}I_{L}\cos\varphi_{P}$$

即三相对称负载不论是连成星形还是连成三角形，其总有功功率均为

$$P=\sqrt{3}\,U_{L}I_{L}\cos\varphi_{P}$$

注意，上式中φ_{P}仍是负载相电压与相电流之间的相差，而不是线电压与线电流间的相位差。另外，负载做三角形联结时的线电压和线电流并不等于做星形联结时的线电压和线电流。

同理可得对称三相负载的无功功率和视在功率的计算式，它们分别为

$$Q=\sqrt{3}\,U_{L}I_{L}\sin\varphi_{P}$$

$$S=\sqrt{3}\,U_{L}I_{L}$$

【例 4-3】工业电阻炉常利用改变电阻丝的接法来控制功率大小，达到调节炉内温度的目的。有一台三相电阻炉，每相电阻 $R=11\Omega$，试求：

1）在 380V 线电压下，分别采用星形联结和三角形联结时所消耗的功率。

2）在 220V 线电压下，采用三角形联结时所消耗的功率。

解：1）星形联结时的线电流为

$$I_{YL}=I_{YP}=\frac{380}{\sqrt{3}\times 11}\approx 20\ (\text{A})$$

星形联结时的功率为

$$P_Y=\sqrt{3}\,U_L I_L\cos\varphi_P=\sqrt{3}\times 380\times 20\times 1\approx 13.2\ (\text{kW})$$

三角形联结时的线电流为

$$I_{\triangle L}=\sqrt{3}\,I_{\triangle P}=\sqrt{3}\times\frac{380}{11}\approx 60\ (\text{A})$$

三角形联结时的功率为

$$P_{\triangle}=\sqrt{3}\,U_L I_L\cos\varphi_P=\sqrt{3}\times 380\times 60\times 1\approx 39.5\ (\text{kW})$$

2）$P_{\triangle}=\sqrt{3}\,U_L I_L\cos\varphi_P=\sqrt{3}\times 220\times\left(\sqrt{3}\times\frac{220}{11}\right)\times 1=13.2\ (\text{kW})$。

从上面例题可以得出以下两点：

1）线电压不变时，负载做三角形联结时的功率为做星形联结时功率的 3 倍。

2）只要每相负载所承受的相电压相等，那么不管负载接成星形还是三角形，负载所消耗的功率均相等。例如，有的三相电动机有两种额定电压，在其铭牌上写有 220/380—△/Y。这表示这个电器可在电压 220V 下接成三角形，或在电压 380V 下接成星形，两者功率相同。

课堂检测

1．由三相电压供电的负载称为________，如果各相负载的________、________相同，则称为________。

2．三相负载的连接方式有两种，即________和________。

3．把三相负载分别接在三相电源的一根相线和中线之间的接法叫________。

4．星形联结时，负载两端的电压称为________，它等于________，所以电源的线电压为负载相电压的________倍。

5．流过每根相线的电流叫________，其方向规定为由________流向________；流过每相负载的电流称为________，其方向规定与________方向一致；流过中性线的电流称为________，其方向规定为由________流向________。

6．当负载做星形联结时，线电流与相电流的关系是________。

7．把三相负载分别接到电源每两根相线之间的接法称为三相负载的________。

8．负载做三角形联结时，负载的相电压与线电压的关系是________。

9．负载做三角形联结时，负载的相电流与线电流的关系是________。

10．在负载不对称的低压系统中，不容许在________安装熔断器或开关。

11．三相负载接到电源中，是做星形联结还是做三角形联结，要根据________的额定电压而定。例如，对于“380/220V”来说，当三相负载的额定电压为380V时，应采用________联结。当三相负载的额定电压为220V时，应采用________联结。

12．指出图4-15所示三相异步电动机的连接方式。

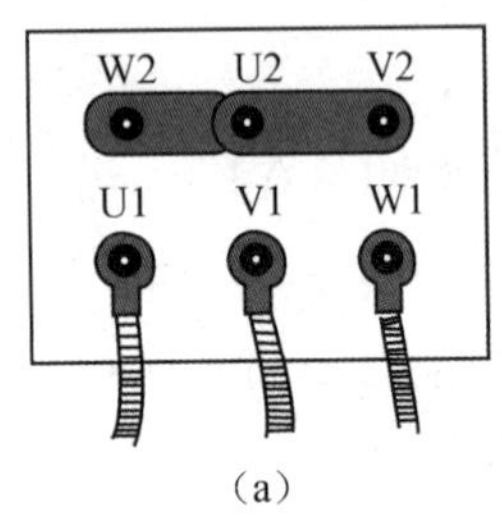

（a）

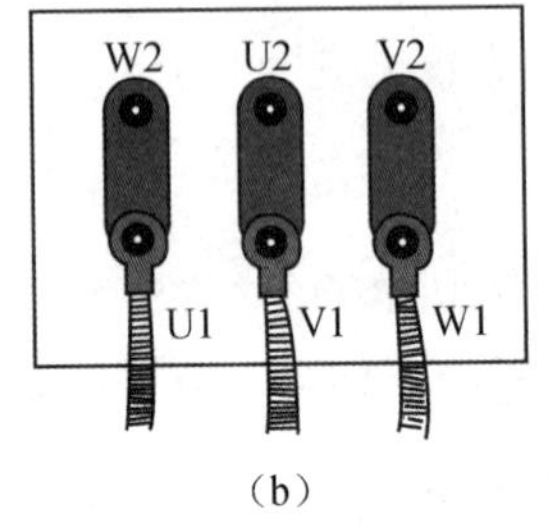

（b）

图4-15　题12图

课后阅读

电动机的Y-△降压起动

在生产实际中，采用三角形联结的三相异步电动机采用Y-△降压起动方式起动，图4-14所示为手动控制三相异步电动机Y-△降压起动控制线路。起动时，先合上电源开关 QS_1，然后把开启式负荷开关 QS_2 扳到“起动”位置，使电动机定子绕组接成星形，降压起动，以减小起动时过大的电流，起动后再切换成三角形联结，使电动机正常全压运行。

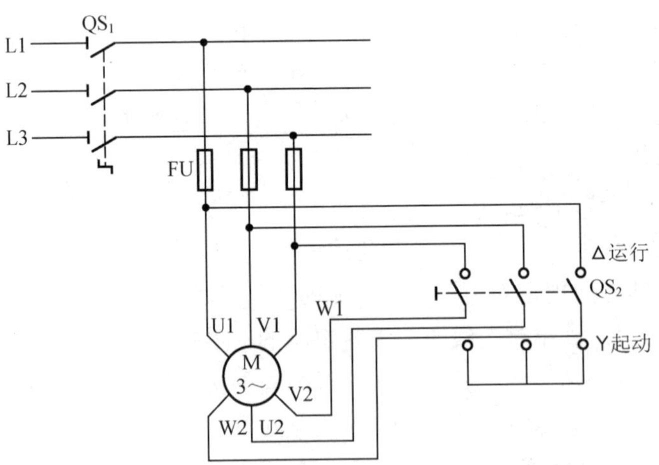

图4-14　手动控制三相异步电动机Y-△降压起动控制线路

4.3 发电、输电与配电常识

电能是我们今天生产和生活的主要能源，它是由发电厂提供的。根据发电厂所用能源不同，发电厂可分为水力发电厂、火力发电厂、核能发电厂、风力发电厂、地热发电厂、太阳能发电厂等。大型发电厂多数建在能源基地附近，例如，举世瞩目的三峡水电站便建于水力资源充沛的长江三峡。

从发电厂发出的电能，要经过输电线送到用电的地方。图 4-16 所示为电能输送的流程图。

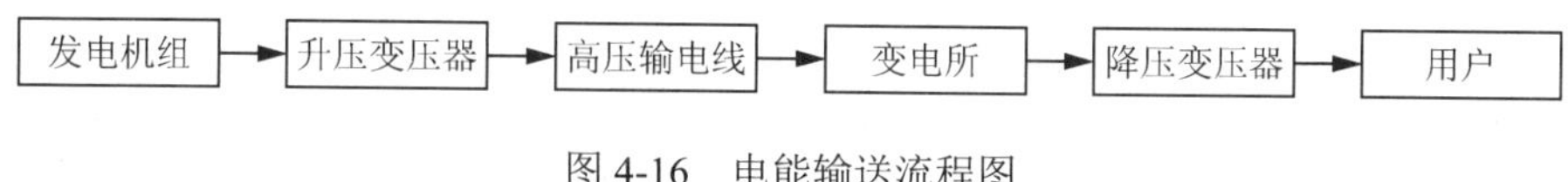

图 4-16　电能输送流程图

4.3.1　电力网

将发电厂生产的电能传输和分配到用户的输配电系统称为电力网，简称电网。

4.3.2　电力系统

将发电厂、电力网和用户联系起来的一个发电、输电、变电、配电和用电的整体称为电力系统（图 4-17）。

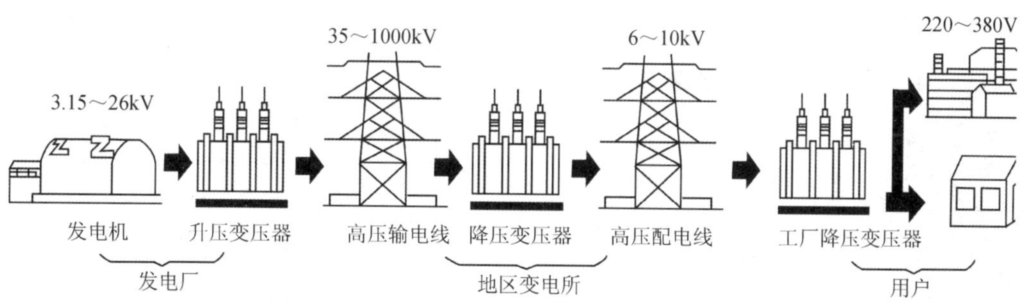

图 4-17　电力系统示意图

发电站通过升压变压器将电压升高后再进行远距离输送，这样可以减小线路上电压降和功率损耗。输电电压的高低视输电容量和输电距离而定，一般原则是容量越大，距离越远，输电电压就越高。输电方式有交流输电和直流输电两种。目前我国常用的远距离交流输电电压有 3kV、6kV、10kV、35kV、66kV、110kV、220kV、330kV、500kV、

750kV 等等级。

晋东南—南阳—荆门 1000kV 特高压交流输电示范线路已于 2009 年 1 月 6 日正式投入运行，是目前世界上运行电压最高的线路。

在电力系统中，输变电电压为 1000V 以上的为高压，1000V 以下的为低压，常用用电设备或用户所需的电压一般都是低压。

4.3.3 配变电及配电方式

1. 配变电

电力电源进入工厂的电压大多为 6～10kV，当供电距离远或负荷容量大时，则采用 35kV 以上电压进电。常用的用电设备如动力、照明、计算机、空调等，额定电压为 220V 或 380V，少数高压电动机的额定电压为 6kV。因此，电能进入工厂后，还要进行变电（变换电压）和配电（分配电能）。

变电所的任务是受电、变压和配电。只受电和配电，而不进行变压的场所称为配电所。

2. 厂区内配电方式

工厂配电系统承担着厂区内高压（大多为 6～10kV）和低压（220～380V）电能传输和分配的任务。配电方式有发射式、树干式两种类型，见表 4-1。

表 4-1 厂区内配电方式

配电方式	发射式	树干式
配电示意图	厂区变电所 配电盘 车间 车间 车间	厂区变电所 配电盘 车间 车间 车间
特点	每个用户由独立线路供电。供电可靠性高，运行中互不影响，便于装设自动装置，操作、控制灵活方便；但使用设备多，耗用金属材料多，占地多，投资高，不适应发展	多个用户由同一条干线供电，使用开关设备少，耗用导线，有色金属材料少，投资省，适于发展；但干线发生故障时影响范围大，供电可靠性较差，操作、控制不够灵活方便
适用范围	适用于离供电点较近、可靠性要求较高的用户（或车间）	适用于离供电点较远、容量小的车间，如机械加工车间、机修车间等

3. 配电装置

配电装置是用于受电和配电的电气设备，包括断路器、隔离开关等控制电器，熔断器、继电器等保护电器及母线和各种载流导体、用于功率补偿的电力电容器等（图 4-18）。

（a）低压配电室

（b）低压配电柜的内部构造

图 4-18　低压配电室和配电柜

课堂检测

1. 将发电厂生产的电能传输和分配到用户的配电系统统称为________。

2．电力系统就是将________、________和用户联系起来的一个发电、输电、变电和用电的整体。

3．目前我国常用的远距离交流输电电压有________、________、________、________、________和________、________、________、________、________。晋东南—南阳—荆门________V 的特高压输电线路已投入运行，是世界上运行电压最高的线路。

4．在电力系统中，输变电电压为________以上为高压、以下的为低压。常用的用电设备或用户所需的电压一般为________。

5．变电所的任务是________、________、________。只________和________，而不进行________的场所称为________。

课后阅读

低压配电系统中性点运行方式

中性点接地也称工作接地，当发生故障时，保护装置能自动切断电路，使故障及时被发现，从而保证电路的安全。工业企业普遍采用 380/220V 中性点接地的三相电源。动力负载一般是对称三相负载，采用三相三线制；照明等单相负载虽在连接时尽量分配在三相上，但很难做到时时对称，因此采用三相四线制。

在采煤矿井等易爆场所，常采用工作点不接地的低压供电系统，这主要是为了避免在短路点形成火花。当然，这种线路必须辅以绝缘监视及自动报警装置，以便及时发现故障点并及时检修。

实践活动 3　参观配变电所

一、实训目的

了解中小型工厂配变电所的结构及布置，辨识主要电气设备的外形及名称，初步形成感性认识。

二、实训内容

1）由相关工程技术人员介绍变配电所整体布置情况和电气系统图，讲解有关的注意事项。

2）了解高压电源的进线方式以及高、低压开关柜的作用，辨识高、低压电气设备的外形及名称，了解其作用。

3）了解变压器室的构造、电源进出线方式、变压器台数及容量等。

三、注意事项

参观时一定要听从指挥，注意安全，未经许可不可进入禁区，严禁触摸任何开关和按钮，以防发生意外。

1．三相交流电路是目前电力系统的主要供电方式，对称三相交流电的特点是：3 个交流电动势的最大值相等，频率相同，相位相差 120°。

2．如果三相电源和三相负载都是对称的，则这个三相电路称为对称三相电路。

3．三相负载有星形和三角形两种连接方式。

星形联结的对称负载常采用三相三线制供电。星形联结的不对称负载常采用三相四线制供电。

中性线的作用是使负载中性点保持等电位，从而使三相负载成为 3 个独立的互不影响的电路。

三相五线制供电设有专门的保护零线，接线方便，安全可靠，目前已广泛应用。

4．在对称三相电路中，负载线电压与相电压、线电流与相电流的关系及功率计算如表 4-2 所示。

表 4-2　各参数关系及功率

关系＼方式	星形联结	三角形联结
线电压与相电压的关系	1）数量关系：$U_L=\sqrt{3}U_{YP}$； 2）相位关系：线电压超前对应相电压 30°	$U_{\triangle P}=U_L$
线电流与相电流的关系	$I_{YL}=I_{YP}$	1）数量关系：$I_{\triangle L}=\sqrt{3}I_{\triangle P}$； 2）相位关系：线电流滞后对应相电流 30°
有功功率	$P=\sqrt{3}I_LU_L\cos\varphi_P$	$P=\sqrt{3}I_LU_L\cos\varphi_P$
无功功率	$Q=\sqrt{3}I_LU_L\cos\varphi_P$	$Q=\sqrt{3}I_LU_L\cos\varphi_P$
视在功率	$S=\sqrt{3}I_LU_L$	$S=\sqrt{3}I_LU_L$

5．将发电厂生产的电能传输和分配到用户的输配电系统为电力网，简称电网。将发电厂、电力网和用户联系起来的一个发电、输电、变电、配电和用电的整体称为电力系统。

6．在电力系统中，输变电电压为 1000V 以上称为高压，1000V 以下称为低压，常用电气设备或用户所需电压一般都是低压。电力电源进入工厂的电压大多为 6～10kV，常用电气设备的额定电压为220V或380V。

7. 通常规定交流36V以下及直流48V以下为安全电压，在潮湿、高温、有导电尘埃的环境中应使用12V电压。

8. 将电气设备的金属外壳与大地可靠地连接，称为保护接地。保护接地适用于1kV以下中性点不接地的三相供电系统。

9. 将电气设备在正常情况下不带电的外露导电部分与供电系统的零线相接，称为保护接零。保护接零适用于中性点接地的三相四线制供电系统。

10. 供电电路中接入漏电保护器后，当漏电流达到一定值时，可自动切断电源。漏电动作电流可根据负载情况进行调节，对于接入电路的漏电保护器必须定期加以检查。

1. 和单相交流电相比，三相交流电有哪些优点？

2. 什么是对称的三相电动势，它有什么特点？

3. 在题图4-1所示的三相四线制电源中，用电压表测量电源线的电压以确定中性线，测量结果 $U_{12}=380\text{V}$，$U_{23}=220\text{V}$，则（　　）。

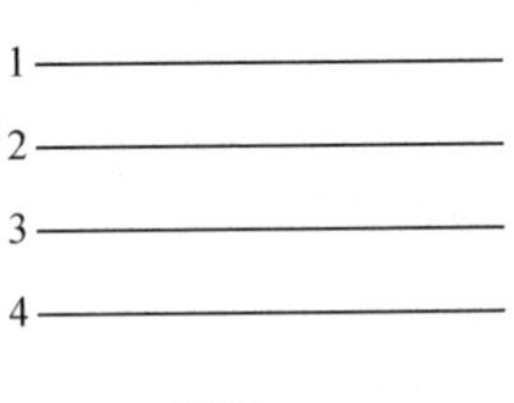

题图4-1

A. 1号为中性线　　B. 2号为中性线

C. 3号为中性线　　D. 4号为中性线

4. 一台三相电动机起动时三相绕组接成星形，正常运转后又将绕组接成三角形，试说明原因。

5. 有一个相电压为220V的三相发电机和一组对称的三相负载，若负载的额定相电压为380V，则此时三相电源与三相负载应如何连接？画图表示。

6. 已知做星形联结的对称三相电源中V相电动势的瞬时值 $e_v=220\sqrt{2}\sin(\omega t-30^\circ)$，试写出正序时其他两相的瞬时表达式。

7. 三相交流电动机有3根电源线接到电源的U、V、W三相上，称为三相负载，电灯有两根电源线，为什么不称为两相负载，而称单相负载？

8. 有两台做星形联结的发电机，一台发电机的每相绕组电压的最大值为155V，另一台发电机的每相绕组电压的有效值为 220V，则它们的线电压有效值各为多少？

9．指出题图 4-2 中各负载的连接方式。

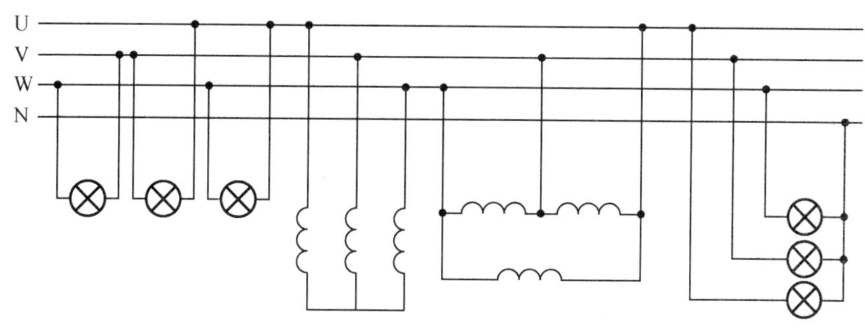

题图 4-2

10．三相电动机接于 380V 线电压下运行，测得线电流为 14.9A，功率因数为 0.866，求电动机的功率。

11．在三相对称电路中，电源的线电压为 380V，每相负载电阻 $R=10\Omega$，试求负载连成三角形和星形时的相电压、相电流和线电流。

12．照明电路若接成三角形，后果会怎样?

13．居民家中使用的均是单相用电器，为什么向小区或居民楼中送来的电源常是三相四线制?

5 单元 安全用电常识

◎ 教学情境

电能的广泛应用给人类的生产和生活带来了极大的方便，但是如果使用不当，就会危及人身安全和设备安全，甚至造成大面积停电或引发火灾等事故，因此学习安全用电知识，认真执行各项安全技术规程是十分重要的。

◎ 教学重点

- 了解触电的种类及方式。
- 了解电流对人体的伤害。
- 掌握安全电压的基本知识。
- 了解触电的原因及预防措施。
- 掌握基本的触电急救措施。

◎ 教学目标

项目教学目标		教学方式	建议学时
技能目标	1．能正确判断触电事故并开展急救； 2．具有安全用电意识	教师演示、学生动手操作	2
知识目标	1．了解触电的种类及方式、电流对人体的伤害； 2．掌握安全电压的基本知识； 3．了解触电的原因及预防措施、急救措施	教师讲授、学生练习、课堂检测	7
情感目标	1．牢固树立安全用电意识； 2．培养学生良好的职业习惯； 3．激发学生学习兴趣，培养学习积极性； 4．培养学生严谨的学习态度、追寻真理的精神	言传身教、潜移默化	1

5.1 触电及预防

触电是经常发生的一种电气事故，会造成触电人员死亡或电伤，而且电伤的部位很难愈合。现在电力不仅是工业、农业、交通运输和科学技术的主要动力，而且已成为现代家庭的重要能源。假如人们在工作和生活中不注意安全使用电气设备和电气工具，就可能发生触电事故，如果不懂或不会正确救护，那就可能导致人员伤亡，给社会和家庭造成不幸，所以必须要做好触电预防并懂得触电救护知识。

5.1.1　触电的种类与方式

人体是导体，当发生“触电”导致电流通过人体时，会使人体受到不同程度的伤害。触电的种类、方式及条件不同，受伤害的后果也不一样。

1. 触电的种类

人体触电有电击、电伤和灼伤 3 类。

电击是电流通过人体时所造成的内伤。它可使肌肉抽搐、内部组织损伤，造成发热、发麻、神经麻痹等，严重时将引起昏迷、窒息，甚至心脏停止跳动、血液循环中止而死亡。通常所说的触电多是指电击。绝大部分触电死亡是电击造成的。

电伤是在电流的热效应、化学效应、机械效应以及电流本身作用下造成的人体外伤，常见的有灼伤、烙伤和皮肤金属化等现象。灼伤由电流的热效应引起，主要是指电弧灼伤，造成皮肤红肿、烧焦或皮下组织损伤。烙伤亦由电流热效应引起，是指皮肤被电气发热部分烫伤或由于人体与带电体紧密接触而留下肿块、硬块，使皮肤变色等。皮肤金属化则是指由电流热效应和化学效应导致熔化的金属微粒渗入皮肤表层，使受伤部分皮肤带金属颜色且留下硬块。

2. 触电方式

（1）单相触电

单相触电是常见的触电方式。人体的一部分接触带电体的同时，另一部分又与大地或中性线（零线）相接，电流从带电体流经人体到大地（或中性线）形成回路，这种触电方式叫单相触电，这时人体承受 220V 的相电压，如图 5-1 所示。在接触电气线路（或设备）时，若不采用防护措施，一旦电气线路或设备绝缘损坏漏电，将引起间接的单相触电。若站在地上误触带电体的裸露金属部分，将造成直接的单相触电。

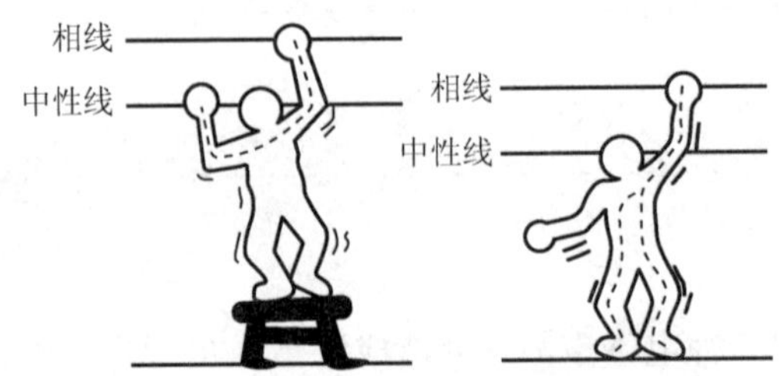

图 5-1 单相触电

（2）两相触电

人体的不同部位同时接触两相电源带电体而引起的触电方式叫两相触电。人体承受 380V 的线电压，危险性比单相触电更大，如图 5-2 所示。

（3）跨步电压触电

雷电流入地或高压线断落到地时，会在导线接地点及周围形成强电场。其电位分布以接地点为圆心向周围扩散，逐步降低而在不同位置形成电位差（电压），人、畜跨进这个区域，两脚之间将存在电压，该电压称为跨步电压。在这种电压作用下，电流从接触高电位的脚流进，从接触低电位的脚流出，造成跨步电压触电，如图 5-3 所示。

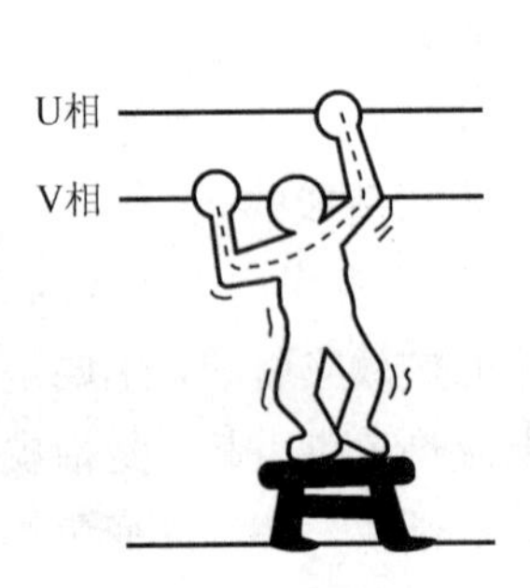

图 5-2 两相触电

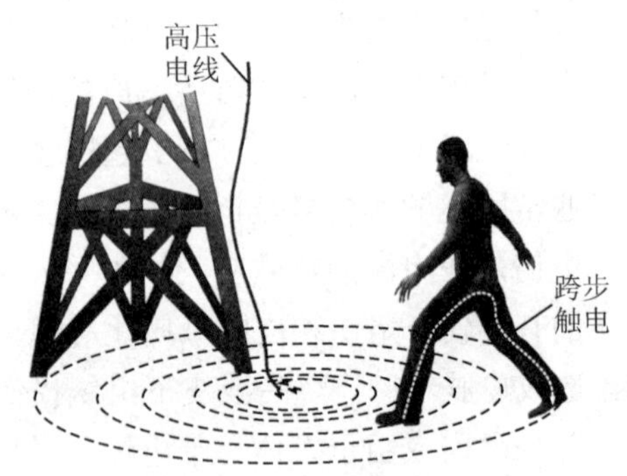

图 5-3 跨步电压触电

人受到跨步电压时，电流虽然沿着人的下身，从脚经腿、胯部又到脚与大地形成通路，没有经过人体的重要器官，好像比较安全。但是实际并非如此，因为人受到较高的跨步电压作用时，双脚会抽筋，使身体倒在地上，这不仅使作用于身体上的电流增加，而且使电流经过人体的路径改变，可能流经人体重要器官，如从头到手或脚。经验证明，人倒地后电流在体内持续作用 2s，这种触电就会致命。

跨步电压触电一般发生在高压电线落地时，但对低压电线落地也不可麻痹大意。根据试验，当牛站在水田里，如果前、后脚之间的跨步电压达到 10V 左右，牛就会倒下，电流常常会流经它的心脏，触电时间长了，牛就会死亡。

当发觉跨步电压威胁时，应赶快把双脚并在一起，或尽快用一条腿或两条腿并拢跳着离开危险区。

（4）悬浮电路上的触电

220V 工频电流通过变压器相互隔离的原、副绕组后，从副边输出的电压中性线不接地，变压器绕组间不漏电时，即相对于大地处于悬浮状态。如果人站在地上接触其中一根带电导线，则不会构成电流回路，没有触电感觉。如果人体一部分接触副边绕组的一根导线，另一部分接触该绕组的另一根导线，则会造成触电。例如，对于电子管收音机、电子管扩音机、部分彩色电视机，它们的金属底板是悬浮电路的公共接地点，在接触或检修这类机器的电路时，如果一只手接触电路的高电位点，另一只手接触低电位点，即用人体将电路连通造成触电，这就是悬浮电路触电。因此在检修这类机器时，一般要求单手操作，电位比较高时更应如此。

5.1.2　电流对人体的伤害

人体对电流的反应非常敏感，触电时电流对人体的伤害程度与以下几个因素有关。

1. 通过人体的电流值

通过人体的电流越大，人的生理反应越明显，引起心室颤动所需的时间越短，致命的危险就越大。

按照不同电流强度通过人体时的生理反应，可将电流分成以下 3 类：

1）感知电流。人体能感觉到的最小电流称为感知电流。女性对电流较敏感，一般成年男性的感知电流约为 1.1mA（工频），成年女性的感知电流约为 0.7mA。

2）摆脱电流。触电后人能自主摆脱电源的最大电流称为摆脱电流。男性的摆脱电流比女性的摆脱电流要大。另外，摆脱电流强度也与触电者的身体状况有关，身强力壮的男性的摆脱电流甚至可达几十毫安，而女性触电后由于心理紧张且体力不如男性，所以女性的摆脱电流一般较小。一般成年男性的摆脱电流为 16mA 左右（工频），而成年女性的摆脱电流约为 10mA（工频）。

3）致命电流。顾名思义，这个电流数值将导致人触电死亡，即在较短的时间内，危及人生命的最小电流称为致命电流。一般情况下，通过人体的工频电流超过 50mA 时，人的心脏就可能停止跳动，发生昏迷和出现致命的电灼伤。当工频电流达 100mA 通过人体时，人会很快死亡。

不同电流强度对人体的影响如表 5-1 所示。

表 5-1 不同电流强度对人体的影响

电流强度/mA	对人体的影响	
	交流电（50Hz）	直流电
0.6～1.5	开始感觉，手指发麻	无感觉
2～3	手指强烈发麻、颤抖	无感觉
5～7	手部痉挛	热感
8～10	手部剧痛，勉强可以摆脱电源	热感增多
20～25	手迅速麻痹，不能自立，呼吸困难	手部轻微痉挛
50～80	呼吸麻痹，心室开始颤抖	手部痉挛，呼吸困难
90～100	呼吸麻痹，心室经 3s 及以上颤动即发生麻痹，停止跳动	呼吸麻痹

2. 电流通过人体的持续时间对人体触电的影响

电流通过人体的时间越长，对人体组织的破坏越厉害，后果越严重。

人体心脏每收缩和扩张一次，中间有一段时间间隙，在这段间隙时间内触电，心脏对电流特别敏感，即使电流很小，也会引起心室颤动。所以，如果触电时间超过 1s，人体会相当危险。

为了能够迅速解救触电人员，《电业安全工作规程》规定，在发生人身触电事故时，为了解救触电者，可以不经许可，立即断开有关设备的电源，但事后必须立即报告上级。

3. 作用于人体的电压对人体触电的影响

当人体电阻一定时，作用于人体的电压越高，通过人体的电流就越大，危险性越大。而且，随着作用于人体的电压升高，人体电阻还会下降，致使电流更大，对人体的伤害更加严重。

随电压而变化的人体电阻见表 5-2。

表 5-2 随电压而变化的人体电阻

U/V	12.5	31.3	62.5	125	220	250	380	500	1000
R/Ω	16500	11000	6240	3530	2222	2000	1417	1130	640
I/mA	0.8	2.84	10	35.2	99	125	268	1430	1560

4. 电源频率对人体触电的影响

电源频率越高或越低，人体触电的危险性不一定就越大。对人体伤害最严重的是 50～60Hz 的工频交流电。各种频率的死亡率如表 5-3 所示。

表 5-3　各种频率的死亡率

频率/Hz	10	25	50	60	80	100	120	200	500	1000
死亡率/%	21	70	95	91	43	34	31	22	14	11

5. 时间的长短

技术上常用触电电流与触电持续时间的乘积（称电击能量）来衡量电流对人体的伤害程度。触电电流越大，触电时间越长，则电击能量越大，对人体的伤害越严重。当电击能量超过 150mA·s 时，触电者就有生命危险。

6. 电流通过的路径

电流通过头部可使人昏迷，通过脊髓可能导致肢体瘫痪，通过心脏可造成心跳停止、血液循环中断，通过呼吸系统会造成窒息。电流通过心脏时，最容易导致死亡。表 5-4 表明了电流在人体中流经不同路径时，通过心脏的电流占通过人体总电流的百分比。

表 5-4　电流的不同路径对人体的伤害

电流通过人体的路径	通过心脏电流占通过人体总电流的百分比/%
从一只手到另一只手	3.3
从右手到右脚	3.7
从右手到左脚	6.7
从一只脚到另一只脚	0.4

可以看出，电流从右手到左脚的危险性最大，如图 5-4 所示。

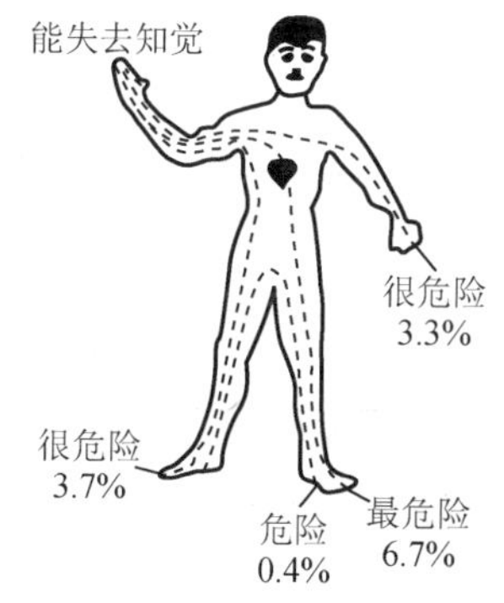

图 5-4　电流通过人体的路径

7. 人体状况

人的性别、健康状况、精神状态等与触电伤害程度有着密切关系。女性比男性触电伤害程度约严重 30%，小孩与成人相比，触电伤害程度也要严重得多。体弱多病者比健康人容易受到电流伤害。另外，人的精神状况、对接触电器有无思想准备、对电流反应的灵敏程度，以及醉酒、过度疲劳等都可能增加触电事故的发生次数并加重受电流伤害的程度。

8. 人体电阻的大小

人体电阻越大，受电流伤害越轻。通常人体电阻可按 1～2kΩ考虑，这个数值主要由皮肤表面的电阻决定。如果皮肤表面角质层损伤、皮肤潮湿、流汗、带有导电粉尘等，将会大幅度降低人体电阻，增加触电伤害程度。

5.1.3 安全电压

人体触电时，人体所承受的电压越低，通过人体的电流就越小，触电伤害就越轻。当电压低到某一定值以后，对人体就不会造成伤害。在不带任何防护设备的条件下，当人体接触带电体时对各部分组织（如皮肤、神经、心脏、呼吸器官等）均不会造成伤害的电压值，称为安全电压。安全电压通常等于通过人体的允许电流与人体电阻的乘积。在不同场合，安全电压的规定是不同的。

1. 人体电阻

人体电阻包括体内电阻、皮肤电阻和皮肤电容。因皮肤电容很小，可忽略不计，体内电阻基本上不受外界影响，可以认为是定值，约 0.5kΩ。皮肤电阻占人体电阻的绝大部分，但皮肤电阻随着外界条件的不同可在很大范围内变化。皮肤表面 0.05～0.2mm 的角质层电阻高达 10～100kΩ，但这层角质容易遭到破坏，在计算安全电压时不宜考虑在内，除去角质层，人体电阻一般不低于 1kΩ，通常应考虑在 1～2kΩ内。

影响人体电阻的因素很多，除皮肤厚薄外，皮肤潮湿、多汗、有损伤、带有导电粉尘、对带电体接触面大、接触压力大等都将减小人体电阻，加大触电电流，增加触电危险。

人体电阻还与接触电压有关，接触电压升高，人体电阻将按非线性规律下降，如图 5-5 所示，曲线 a 表示人体电阻的上限，曲线 c 表示人体电阻下限，曲线 b 表示人体电阻的平均值，a、b 之间对应于干燥皮肤，b、c 之间对应于潮湿皮肤。

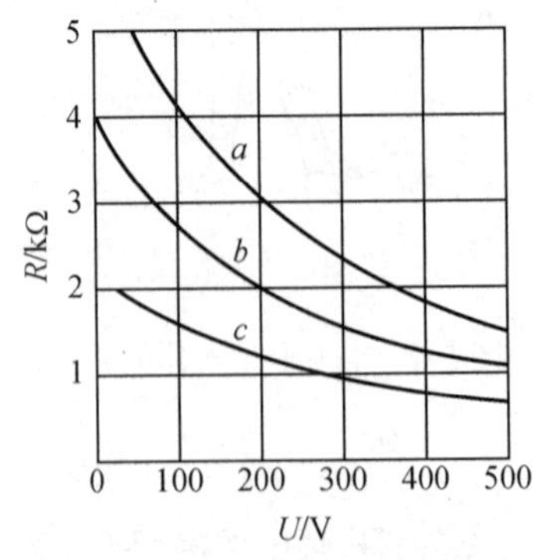

图 5-5 人体电阻与接触电压的关系

2. 人体允许电流

人体允许电流是指发生触电后触电者能自行摆脱电源，解除触电危险的最大电流。在通常情况下，男性的人体允许电流为 9mA，女性的人体允许电流为 6mA。在设备和线路装有触电保护设施的条件下，人体允许电流可达 30mA。 但在容器中，在高空、水面上等可能因电击造成二次事故（再次触电、摔死、溺死）的场所，人体允许电流应按不引起强烈痉挛的 5mA 考虑。

必须指出，这里所说的人体允许电流不是人体长时间能承受的电流。

3. 安全电压值

我国有关标准规定，12V、24V 和 36V 这 3 个电压等级为安全电压级别，不同场所选用的安全电压等级不同。

在相对湿度大、狭窄、行动不便、周围有大面积接地导体的场所（如金属容器内、矿井内、隧道内等）使用的手提照明灯，应采用 12V 安全电压。

凡手提照明器具，在危险环境、特别危险环境的局部照明灯，高度不足 2.5m 的一般照明灯，携带式电动工具等，若无特殊的安全防护装置或安全措施，均应采用 24V 或 36V 安全电压。

安全电压的规定是从总体上考虑的，对某些特殊情况、某些人也不一定绝对安全，是否安全与人的现时状况（主要是人体电阻）、触电时间长短、工作环境、人与带电体的接触面积和接触压力等都有关系，所以即使在规定的安全电压下工作，也不可粗心大意。

5.1.4 触电原因及预防措施

触电包括直接触电和间接触电两种。其中，直接触电是指人体直接接触或过分接近带电体而触电；间接触电是指人体触及正常时不带电而发生故障时才带电的金属导体。下面首先分析触电的常见原因，从而提出预防直接触电和间接触电的措施。

1. 触电的常见原因

触电的场合不同，引起触电的原因也不同，下面根据在工农业生产、日常生活中所发生的不同触电事例，将常见触电原因归纳如下。

（1）线路架设不合规格

室内、外线路对地距离、导线之间的距离小于允许值；通信线、广播线与电力线间隔距离过近或同杆架设；线路绝缘破损；有的地区为节省电线而采用一线一地制送电等。

（2）电气操作制度不严格、不健全

带电操作时不采取可靠的保安措施；不熟悉电路和电器而盲目修理；救护已触电的人时，自身不采取安全保护措施；停电检修时不挂警告牌；检修电路和电器时使用不合格的保安工具；人体与带电体过分接近且无绝缘措施或屏护措施；在架空线上操作时不在相线上加临时接地线（零线）；无可靠的防高空跌落措施等。

（3）用电设备不合要求

电器设备内部绝缘损坏，金属外壳有未加保护接地措施或保护接地线太短、接地电阻太大；开关、灯具、携带式电器绝缘外壳破损，失去防护作用；开关、熔断器误装在中性线上，一旦断开，会使整个线路带电。

（4）用电不谨慎

违反布线规程，在室内乱拉电线；随意加大熔断器熔丝规格；在电线上或电线附近晾晒衣物，在电杆上拴牲畜；在电线（特别是高压线）附近打鸟、放风筝；未断电源移动家用电器；打扫卫生时，用水冲洗或用湿布擦拭带电电器或线路等。

2. 预防触电的措施

（1）预防直接触电的措施

1）绝缘措施。用绝缘材料将带电体封闭起来的措施称为绝缘措施。良好的绝缘是保证电气设备和线路正常运行的必要条件，是防止触电事故的重要措施。

绝缘材料的选用必须与该电气设备的工作电压、工作环境和运行条件相适应，否则容易造成击穿。常用的电工绝缘材料有瓷、玻璃、云母、橡胶、木材、塑料、布、纸、矿物油等，其电阻率多在 10Ω • m 以上。但应注意，有些绝缘材料如果受潮，会降低甚至丧失绝缘性能。

绝缘材料的绝缘性能往往用绝缘电阻表示。不同的设备或电路对绝缘电阻的要求不同。新装或大修后的低压设备和线路的绝缘电阻不应低于 0.5MΩ，运行中的线路和设备的绝缘电阻为每伏 1kΩ；潮湿工作环境下，则要求每伏 0.5kΩ；携带式电气设备的绝缘电阻不应低于 2MΩ；配电盘二次线路的绝缘电阻不应低于每伏 1kΩ，在潮湿环境下不低于每伏 0.5kΩ；高压线路和设备的绝缘电阻不低于每伏 1000MΩ。

2）屏护措施。采用屏护装置将带电体与外界隔绝开，以杜绝不安全因素的措施称为屏护措施。常用的屏护装置有遮栏、护盖、栅栏等。例如，常用电器的绝缘外壳、金属网罩、金属外壳、变压器的遮栏、栅栏等都属于屏护装置。凡是金属材料制作的屏护装置，应妥善接地或接零线。

屏护装置不直接与带电体接触，对所用材料的电气性能没有严格要求，但必须有足够的机械强度和良好的耐热、耐火性能。

3）间距措施。为防止人体触及或过分接近带电体，避免车辆或其他设备碰撞或过分接近带电体，防止火灾、过电压放电及短路事故，以及操作方便，在带电体与地面之间、带电体与带电体之间、带电体与其他设备之间，均应保持一定的安全间距，称为间距措施。安全间距的大小取决于电压的高低、设备的类型、安装的方式等因素。导线与建筑物的最小距离如表 5-5 所示。

表 5-5 导线与建筑物的最小距离

线路电压/kV	1.0 以下	10.0	35.0
垂直距离/m	2.5	3.0	4.0
水平距离/m	1.0	1.5	3.0

（2）预防间接触电的措施

1）加强绝缘措施。对电气线路或设备采取双重绝缘、加强绝缘或对组合电气设备采用共同绝缘的措施为加强绝缘措施。采用加强绝缘措施的线路或设备的绝缘可靠，难以损坏，即使工作绝缘损坏后，还有一层加强绝缘层，不易发生带电的金属导体裸露而造成间接触电。

2）电气隔离措施。采用隔离变压器或具有同等隔离作用的发电机，使电气线路和设备的带电体部分处于悬浮状态的措施称为电气隔离措施。采用电气隔离措施后，即使该线路或设备工作绝缘损坏，人站在地面上与之接触也不易触电。

应注意的是，被隔离回路的电压不得超过 500V，其带电部分不得与其他电气回路或大地相连，方能保证其隔离要求。

3）自动断电措施。在带电线路或设备上发生触电事故或其他事故（短路、过载、欠电压等）时，在规定时间内能自动切断电源而起保护作用的措施称为自动断电措施。漏电保护、过电流保护、过电压或欠电压保护、短路保护、接零保护等均属于自动断电措施。

3. 保护接地和保护接零

在正常情况下，电气设备的外壳是不带电的，但当绝缘损坏时，外壳就会带电，人体触及就会触电。为了保证操作人员的安全，必须对电气设备采用保护接地或保护接零措施。这样即使在电气设备因绝缘损坏而漏电，人体触及时也不会触电。

在低压输配电系统中，不同的接地制式与相应的安全保护方式相结合，就构成了不同的低压输配电线路的制式。按照 IEC（国际电工委员会）标准和有关国家标准，低压输配电有 5 种制式。说明这 5 种制式前先介绍以下几个术语：

1）工作接地：在正常或事故情况下，为了保证电气设备能安全工作，必须把电力系统（电网上）某一点（通常是中性点）直接或经电阻、电抗、消弧线圈接地，称为工作接地，又称电源接地。

2）保护接地：为了防止因绝缘损坏而遭受触电电压和跨步电压的危险，将电气设备外露导电部分（不带电的金属外壳）用导线和接地体相连接，称为保护接地。

3）保护接零：在低压电网中将电气设备的外露导电部分用导线直接与零线连接，称为保护接零。

4）保护线（PE）：为防止电击而将设备外露导电部分、装置外导电部分、总接地端子、接地干线、接地极、电源接地点或人工接地点进行电气连接的导体，称为保护线。

保护接地线和保护接零线均为保护线。保护线的文字符号为 PE。兼有保护线（PE）和中性线（N）作用的导体称为保护中性线，文字符号为 PEN。

低压输配电的 5 种制式如下。

（1）三相四线保护接零制

图 5-6 所示是三相四线保护接零制线路。它由相线（L1、L2、L3）、保护中性线（PEN）和工作接地组成。这种制式的工作接地采用变压器低压侧中性点直接接地。其保护方式是将用电设备的外露导电部分与保护中性线相连接。本制式中的保护中性线实际上就是中性线，也是零线，所以此种保护方式称为保护接零。PEN 线兼有保护线和中性线（又称工作零线）两种作用。

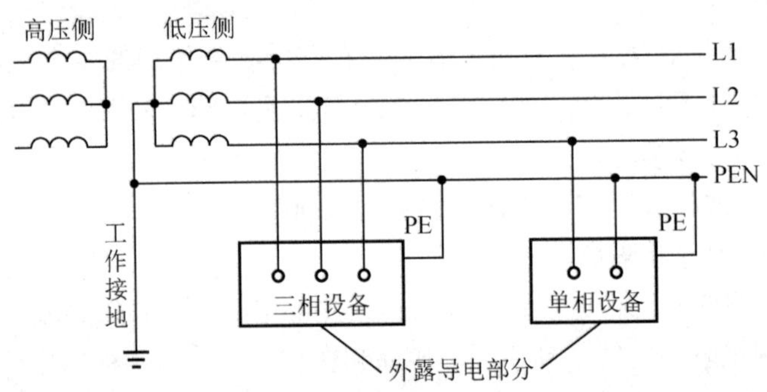

图 5-6　三相四线保护接零制线路

（2）三相五线保护接零制

图 5-7 所示是三相五线保护接零制线路。它由相线（Ll、L2、L3）、中性线（N）和保护线（PE）组成。这种制式的工作接地采用电力变压器低压侧中性点直接接地。其保护方式是将用电设备的外露导电部分与保护线相连。本制式中的保护线又称保护零线，故此种保护方式也称保护接零。N 线又称为工作零线，它没有保护作用。

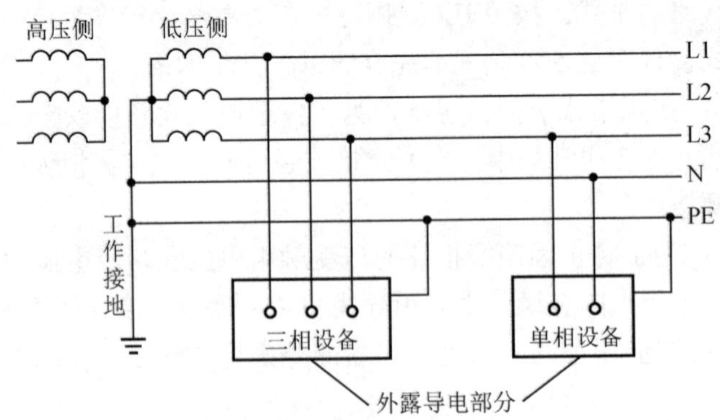

图 5-7　三相五线保护接零制线路

（3）三相三线保护接地制

图 5-8 所示是三相三线保护接地制线路。在图 5-8（a）中，变压器中性点对地绝缘，用电设备外露导电部分独立接地；在图 5-8（b）中，变压器中性点经阻抗接地，用电设备的外露导电部分独立接地；在图 5-8（c）中，变压器中性点经阻抗接地，用电设备外露导电部分接到电源的接地体上。

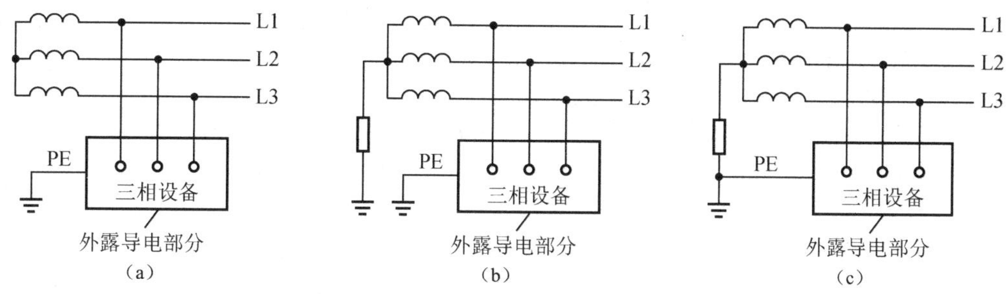

图 5-8　三相三线保护接地制线路

（4）三相四线保护接地制

图 5-9 所示是三相四线保护接地制线路。它由相线（L1、L2、L3）、中性线（N）、工作接地和保护接地（PE）组成。工作接地是采用变压器低压侧中性点直接接地。其保护方式是将用电设备的外露导电部分通过独立的接地装置接地，工作零线没有保护作用。

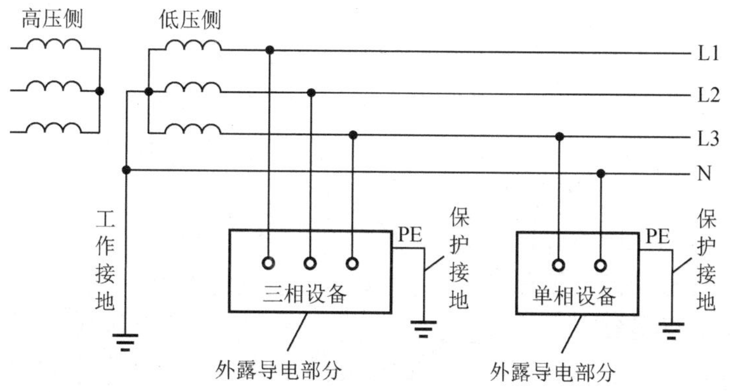

图 5-9　三相四线保护接地制线路

（5）三相四线-五线保护接零制

图 5-10 所示是三相四线-五线保护接零制线路，它是由三相四线保护接零制线路演变而来的。PEN 线自某一点（这里为 A）分为保护线（PE）和中性线（N）。

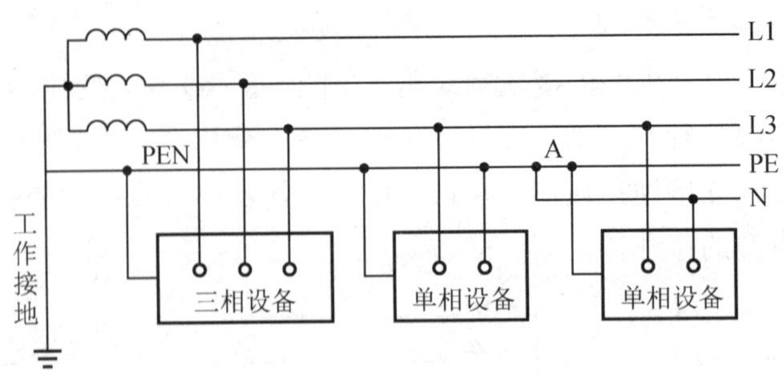

图 5-10 三相四线-五线保护接零制线路

课堂检测

一、填空题

1. 触电通常有________、________和________3 种情况，触电时，________是危害人体的直接因素。

2. 电击是________通过人体时所造成的________伤。电伤是在电流的________效应、________效应、机械效应以及电流本身作用下造成的人体________。

3. 电源频率越高或越低对人体触电危险性不一定就大。对人体伤害最严重的是________Hz 的工频交流电。

4. 一般认为通过人体的电流在________以下才是安全电流，在________以下的电压称为安全电压。

5. 当电流通过人体的路径为________时最危险。

6. 安全电压的规定是从总体上考虑的，对于某些特殊情况或某些人也不一定绝对安全。是否安全与人的现时状况（主要是人体电阻）、触电时间长短、工作环境、人与带电体的接触面积和接触压力等都有关系。

7. 预防直接触电的措施有________措施、________措施、________措施。

8. 预防间接触电的措施有________措施、________措施、________措施。

9. 安全电压的等级有________、________、________3 个级别。

10. 人体电阻一般不低于________kΩ，通常应考虑在________范围内。

11. 电流对人体的伤害程度与通过人体的值、电流通过人体的________、作用于人体的________、电源________、________通过的路径、人体的________大小有关。

12. 人体能感觉的最小电流称为________，一般为________左右。

13. 触电后人能自主摆脱电源的最小电流称为________，一般为________左右。

14. 在较短的时间内，危及人生命安全的最小电流称为________，一般为________左右。

二、选择题

1．下列说法正确的是（　　）。

A．只要人体不接触带电体，就不会触电

B．一旦触电者心脏停止跳动，即表示已经死亡

C．电视机的室外天线在打雷时有可能引入雷击

D．只要有电流流过人体，就会发生触电事故

2．常见的触电方式中，危害最大的是（　　）。

A．两相触电　　B．单相触电　　C．接触触电　　D．跨步触电

3．为保证机床操作者的安全，机床照明灯的电压为（　　）。

A．380V　　B．220V　　C．110V　　D．36V 以下

4．人体触电伤害的首要因素是（　　）。

A．电压　　B．电流　　C．电功　　D．电阻

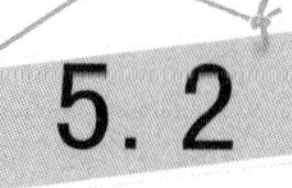

5.2 触电急救

在电气操作和日常用电中，如果采取了有效的预防措施，会大幅度减少触电事故，但要绝对避免是不可能的。所以，在电气操作和日常用电中必须做好触电急救的思想准备和技术准备。

5.2.1　触电现场的抢救措施

1．使触电者尽快脱离电源

发现有人触电，最关键、首要的措施是使触电者尽快脱离电源。由于触电现场的情况不同，使触电者脱离电源的方法也不一样。在触电现场经常采用以下几种急救方法。

1）迅速关断电源，把人从触电处移开。如果触电现场远离开关或不具备关断电源的条件，只要触电者穿的是比较宽松的干燥衣服，救护者可站在干燥木板上，用一只手抓住衣服将其拉离电源，但切不可触及触电者的皮肤。如这种条件尚不具备，还可用干燥木棒、竹竿等将电线从触电者身上挑开。

2）如果触电发生在相线与大地之间，一时又不能把触电者拉离电源，可用干燥绳索将触电者身体拉离地面，或在地面与人体之间塞入一块干燥木板，这样可以暂时切断

带电导体通过人体流入大地的电流。然后设法关断电源，使触电者脱离带电体。当用绳索将触电者拉离地面时，注意不要发生跌伤事故。

3）救护者手边如有刀、斧、锄等带绝缘柄的工具或硬棒时，可以从电源的来电方向将电线砍断或撬断，但要注意切断电线时人体切不可接触电线裸露部分和触电者。

4）如果救护者手边有绝缘导线，可先将一端良好接地，另一端接在触电者所接触的带电体上，造成该相电源对地短路，迫使电路跳闸或熔丝熔断，达到切断电源的目的。在搭接带电体时，要注意救护者自身的安全。

5）在电杆上触电，地面上一时无法施救时，仍可先将绝缘软导线一端良好接地，另一端抛掷到触电者接触的架空线上，使该相对地短路，跳闸断电。在操作时要注意两点：一是不能将接地线抛在触电者身上，这会使通过人体的电流更大；二是注意不要让触电者从高空跌落。

以上救护触电者脱离电源的方法不适用于高压触电情况。

2. 脱离电源后的判断

触电者脱离电源后，应根据其受电流伤害的不同程度，采用不同的施救方法。

（1）判断呼吸是否停止

将触电者移至干燥、宽敞、通风的地方，将其衣、裤放松，使其仰卧，观察胸部或腹部有无因呼吸而产生的起伏动作。若不明显，可用手或小纸条靠近触电者的鼻孔，观察有无气流流动，将手放在触电者胸部，感觉有无呼吸动作，若没有，说明呼吸已经停止。

（2）判断脉搏是否搏动

用手检查颈部的颈动脉或腹股沟处的股动脉，看有无搏动。如有，则说明其心脏还工作。因颈动脉或股动脉是人体的大动脉，位置较浅，搏动幅度较大，容易感知，所以经常用来作为判断心脏是否跳动的依据。另外，也可用耳朵贴在触电者心区附近，倾听有无心脏跳动的声音，如有，则其心脏还在工作。

（3）判断瞳孔是否放大

瞳孔是受大脑控制的一个自动调节大小的光圈。如果大脑机能正常，瞳孔可随外界光线的强弱自动调节大小。处于死亡边缘或已经死亡的人，由于大脑细胞严重缺氧，大脑中枢失去对瞳孔的调节功能，瞳孔就会自行放大，对外界光线强弱不再做出反应，如图 5-11 所示。

瞳孔正常

瞳孔放大

图 5-11　瞳孔的比较

3．对不同情况的救治

根据上述简单判断的结果，对受伤程度不同、症状表现不同的触电者，可用下面的方法进行不同的救治。

1）触电者神志清醒，只是感觉头昏、乏力、心悸、出冷汗、恶心、呕吐时，应让其静卧休息，以减轻心脏负担。

2）触电者神志断续清醒，出现昏迷时，一方面请医生救治，一方面让其静卧休息，随时观察其伤情变化，做好情况恶化的施救准备。

3）触电者已失去知觉，但呼吸、心跳尚存时，应在迅速请医生的同时，将其按放在通风、凉爽的地方平卧，给他闻一些氨水，摩擦全身，使之发热。如果出现痉挛，呼吸渐渐衰弱等现象，应立即进行人工呼吸，并准备担架，在送医院途中，如果出现“假死”现象，应边送边抢救。

4）触电者的呼吸、脉搏均已停止，出现“假死”现象时，应针对不同情况的假死现象对症处理。如果呼吸停止，用人工呼吸法，迫使触电者维持体内外的气体交换。对于心脏停止跳动者，可用胸外心脏压挤法，维持人体内的血液循环。如果呼吸、脉搏均已停止，上述两种方法应同时使用，并尽快向医院送治。

5.2.2　医务抢救

触电者脱离电源后，必须根据情况立即实施医务抢救。据统计，触电后不超过 1min 即救治者，90%有良好的效果；触电后 6min 开始救治者，仅 10%有良好效果；触电后 12min 才开始救治者，救活率很小。所以及时抢救极为重要。

触电者往往呈现昏迷，甚至停止呼吸和心跳，这通常是假死，应立即针对具体情况采用相应的救治措施。抢救触电者往往需要很长的时间，甚至有连续不断 6h 的救治而成功的实例，所以救治操作必须耐心、细致、不间断地进行，直至发现触电者全身冰凉且有尸斑或瞳孔放大，用强光刺激（照射）眼睛时，瞳孔也不收缩，才可断定死亡，并且最好由医生做出判断。

如果触电者脱离电源后，神志清醒，但是心慌无力，甚至四肢麻木，应将其抬到通风处静躺 1～2h，派专人守护，并请医生施行血压、呼吸、心率等检查并采取相应的医疗措施。

若触电者神志已不清，处于昏迷昏死状态，呼吸停止或心跳停止，甚至两者全停，就要立即进行人工呼吸或用胸外压挤法帮助心脏起搏，并立即请医生或送医院抢救。途中不得中断人工呼吸或胸外压挤。不宜用帆布担架、小人力车等工具或背驮的方法护送病人，也不能用摇晃身体、木板压、泼水等毫无科学根据的方法进行“抢救”。强心针的使用必须慎之又慎，稍不得当往往会加速触电者的死亡。

下面介绍两种抢救方法。

1. 人工呼吸法

人工呼吸的方法很多，如口对口人工呼吸法、俯卧压背法和仰卧压胸法，其中效果最好的是口对口人工呼吸法。

（1）口对口人工呼吸法

1）将触电者仰卧，松开衣、裤，以免影响呼吸时胸廓及腹部的自由扩张。使颈部伸直，头部尽量后仰，掰开口腔，清除口中脏物，取下假牙（若有），如果舌头后缩，应拉出舌头，使进出人体的气流畅通无阻，如图 5-12（a）、（b）所示。如果触电者牙关紧闭，可用木片、金属片从嘴角处伸入牙缝，慢慢撬开。

2）救护者位于触电者头部一侧，将靠近头部的一只手捏住触电者的鼻子（防止吹气时气流从鼻孔漏出），并将这只手的外缘压住额部，另一只手托其颈部，将颈上抬，这样可使头部自然后仰，解除舌头后缩造成的呼吸阻塞。

3）救护者深呼吸后，用嘴紧贴触电者的嘴（中间也可垫一层纱布或薄布）大口吹气，如图 5-12（c）所示，同时观察触电者胸部的隆起程度，一般应以胸部略有起伏为宜。胸部起伏过大，说明吹气太多，容易吹破肺泡，胸腹无起伏或起伏太小，则吹气不足，应适当加大吹气量。

4）吹气至触电者可换气时，应迅速离开触电者的嘴，同时放开捏紧的鼻孔，让其自动向外呼吸，如图 5-12（d）所示。这时应注意观察触电者胸部的复原情况，倾听口鼻处有无呼气声，从而检查呼吸道是否阻塞。

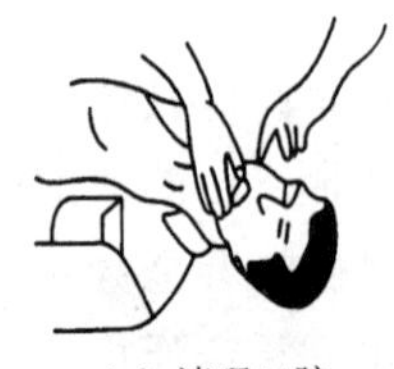
（a）清理口腔

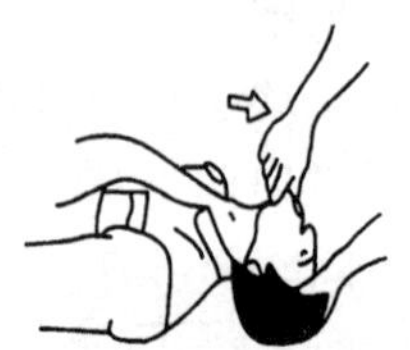
（b）鼻孔朝上，头后伸

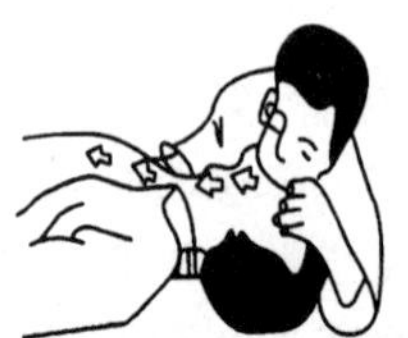
（c）贴嘴吹气，胸扩张

（d）放开嘴鼻以换气

图 5-12　口对口人工呼吸

按照上述步骤反复进行，对成年人每分钟吹气 14～16 次，大约每 5s 一个循环，吹气时间稍短，约 2s；呼气时间要长，3s 左右。对儿童吹气，每分钟 18～24 次，这时不必捏紧鼻孔，让一部分空气漏掉。对儿童吹气，一定要掌握好吹气量的大小，不可让其胸腹过分膨胀，防止吹破肺泡。

在做口对口人工呼吸时，需要注意以下几点：第一，掌握好吹气压力，一般刚开始时压力偏大，频率也稍快一些，待 10～20 次后逐渐减少吹气压力，维持胸腹部的轻度舒张即可。第二，若触电者牙关紧闭，一时无法撬开，可用口对触电者的鼻吹气，方法与口对口吹气相似，只是此时应使救护者的嘴唇完全盖紧触电者鼻孔，吹气压力也应稍大，吹气时间稍长，这样有利于外部气体充分进入肺内，以便加速人体内外的气体交换。

（2）俯卧压背呼吸法

俯卧压背呼吸法为只有一个救护者时采用，使触电者的身体伸直俯卧，一手弯曲枕在头下，脸侧向一方，下垫柔软物品，另一只手朝前伸直，救护者跨跪于触电者的臀部位置，双手放在触电者的下肋骨上，如图 5-13 所示。操作时，救护者用自身的重量压下，使触电者呼气，约两秒钟后迅速放手，使其吸气约两秒钟。此法不适用于孕妇。

图 5-13 俯卧压背呼吸法

（3）仰卧压胸呼吸法

使触电者伸直仰卧，抬高前颈部，使头部后仰，并拉出舌头以利于呼吸，救护者跪在伤者的头前方，双手握住触电者的手腕，使其两臂弯曲压在前胸两侧，不要用力，使其呼气约两秒钟，然后将其两手向上拉直，引向头顶部伸直，使其吸气约两秒钟，如图 5-14 所示。如果触电者的手臂或锁骨摔断，不得使用此法。

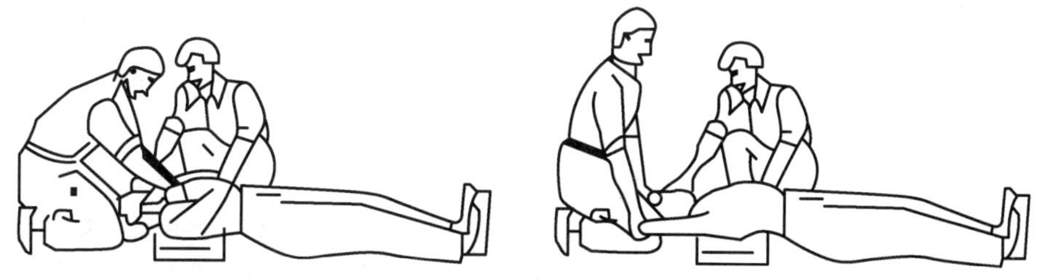

图 5-14 仰卧压胸呼吸法

进行任何一种人工呼吸之前，应注意排除触电者口、鼻腔内的异物。应将触电者的舌头拉出，以利于呼吸。在操作时应注意勿将其胃、腹部过分挤压以致挤出杂物妨碍抢救，同时不可用力过猛，以防压断肋骨。

2. 胸外心脏压挤法

在触电者心脏停止跳动时，可以有节奏地在胸廓外加力，对心脏进行挤压。利用人工方法代替心脏的收缩与扩张，以达到维持血液循环的目的，具有操作过程如图 5-15 所示。

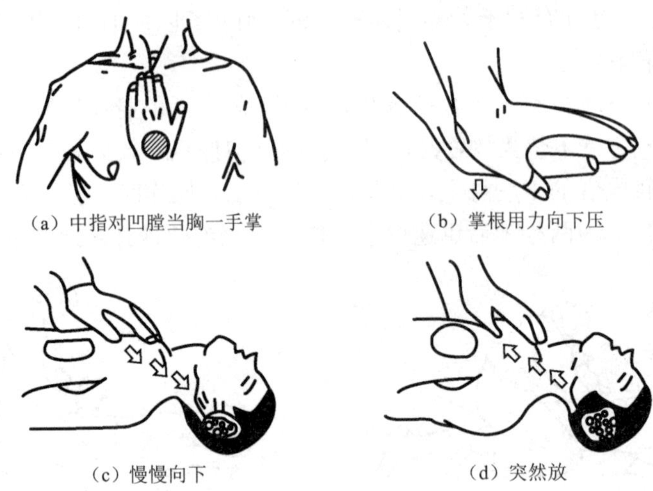

图 5-15 胸外心脏压挤法

1）使触电者仰卧在硬板上或平整的硬地面上，解松衣裤，救护者跪跨在触电者的腰部两侧。

2）救护者将一只手的掌根按于触电者的胸骨以下横向 1/2 处，中指指尖对准颈根凹部下边缘，另一只手压在那只手的背上呈两手交叠状，肘关节伸直，靠体重和臂与肩部用力，向触电者的脊柱方向慢慢压迫胸骨下段，使胸廓下陷 3～4cm，由此使心脏受压，心室的血液被压出，流至触电者全身各部。

3）双掌突然放松，依靠胸廓自身的弹性，使胸腔复位，让心脏舒张，血液流回心室。放松时，交叠的两掌不要离开胸部，只是不加力而已。

重复步骤 2）、3），每分钟 60 次左右。

在做胸外心脏压挤法时，应注意以下几点：第一，压挤位置和手掌姿势必须正确，下压的区域在胸骨以下横向 1/2 处，即两乳连线中间稍偏下方，接触胸部只限于手掌根部，手指应向上，与胸、肋骨之间保持一定距离，不可全掌着力。第二，用力要对脊柱方向下压，要有节奏，有一定冲击性，但不能用大的爆发力，否则将造成胸部骨骼损伤。第三，挤压时间和放松时间大体一样。第四，对于心跳和呼吸都已停止的触电者，如果救护者有两人，可以同时进行口对口人工呼吸和胸外心脏压挤，效果更好，但两人必须配合默契。如果救护者只有一人，也可两种方法交替进行。其方法如下：先用口对口向触电者吹气两次，立即在胸外压挤心脏 15 次，再吹气两次，再压挤 15 次，如此反复进行，直接将人救活或医生确诊已无法抢救为止。第五，对于小孩，只用一只手的根部加压，并酌情掌握压力的大小，以每分钟 100 次左右为宜。

无论是施行口对口人工呼吸法还是胸外心脏压挤法，都要不断观察触电者的面部动作，如果发现其眼皮、嘴唇会动，喉部有吞咽动作，则说明其有一定呼吸能力，应暂时停止几秒，观察其自动呼吸的情况，如果呼吸不能正常进行或者很微弱，应继续进行人工呼吸和胸外心脏压挤，直到能正常呼吸为止。在触电者呼吸未恢复正常以前，无论什么情况，包括送医院途中，雷雨天气（雷雨时可移至室内）或时间已进行得很长而效果不甚明显等，都不能中止抢救。事实上，用人工呼吸法抢救的触电者中，有长达 7～10h 才救活的案例。

课堂检测

一、填空题

1．发现有人触电，最关键、首要的措施是使触电者尽快________。

2．在触电现场经常采用的几种急救方法有________、________、________、________和________。

3．如果触电现场远离开关或不具备关断电源的条件，只要触电者穿的是比较宽松的干燥衣服，救护者可站在________上，用一只手抓住衣服将其拉离电源，但切不可触及带电人的皮肤。如这种条件尚不具备，还可用________、________等将电线从触电者身上挑开。

4．触电者脱离电源后，应首先判断触电者受电流伤害的程度，主要从________、________和________进行判断。

5．触电者神志清醒，只是感觉头昏、乏力、心悸、出冷汗、恶心、呕吐时，应让其________。

6．触电者神志断续清醒，一度昏迷时，一方面请________救治，一方面让其静卧休息，随时观察其伤情变化，做好情况恶化的施救准备。

7．触电者已失去知觉，但呼吸、心跳尚存时，应在迅速________的同时，将其按放在________、________的地方平卧，给他闻一些________，________全身，使之发热。如果出现痉挛，呼吸渐渐衰弱，应立即施行________，并准备担架，送医院途中，如果出现“假死”，应________。

8．触电者脱离电源后，必须根据情况立即实施医务抢救。触电后不超过________即救治者，90%有良好的效果；触电后________开始救治者，仅 10%有良好效果；触电后________才开始救治者，救活率很小。

9．如果触电者呼吸停止，用________，迫使触电者维持体内外的气体交换。对心脏停止跳动者，可用________，维持人体内的血液循环。如果呼吸、脉搏均已停止，上述两种方法应________，并尽快向医院告急。

10．触电常见的原因有________。

二、选择题

1．发现有人触电时，首先应（　　）。

A．四处呼救　　B．用手将触电者从电线上拉开

C．使触电者尽快脱离电源　　D．等其他人救助

2．电火警紧急处理的正确方法是（　　）。

A．立即向消防队报警

B．应先切断电源，然后救火，并及时报警

C．立即用水灭火

D．立即用就近的灭火器灭火

1．人体触电有电击和电伤两类。

2．人体触电方式有单相触电、两相触电、跨步电压触电、悬浮电路上的触电。

3．电流伤害人体的因素有电流强度、电流通过人体的持续时间、作用于人体的电压、电源频率、时间的长短、电流通过的路径、人体状况、人体电阻的大小。

4．安全电压值：我国有关标准规定，12V、24V 和 36V 这 3 个电压等级为安全电压级别，不同场所选用安全电压等级不同。

5．触电的常见原因：线路架设不合规格，电气操作制度不严格、不健全，用电设备不合要求，用电不谨慎。

1．什么是人身触电？常见的触电的种类和方式有哪些？

2．电流伤害人体的因素有哪些？

3．触电的常见原因有哪些？

4．简述口对口人工呼吸法的操作要领。

5．简述胸外心脏压挤法的操作要领。

参 考 文 献

张梦欣．2011．电工学．5 版．北京：中国劳动社会保障出版社．